自動制御理論

新装版

樋口 龍雄 著

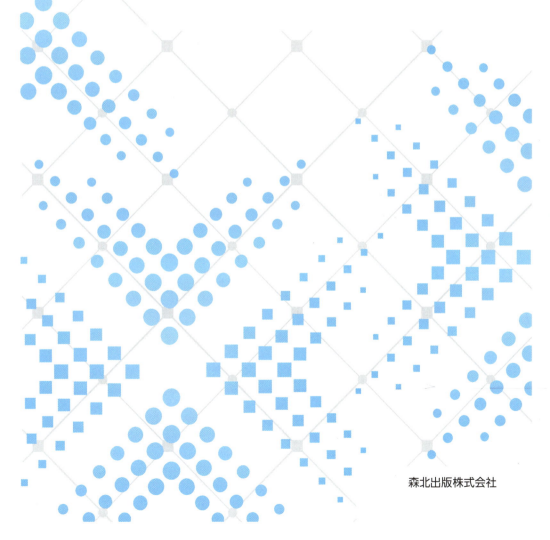

森北出版株式会社

●本書の補足情報・正誤表を公開する場合があります．当社 Web サイト（下記）
で本書を検索し，書籍ページをご確認ください．

https://www.morikita.co.jp/

●本書の内容に関するご質問は下記のメールアドレスまでお願いします．なお，
電話でのご質問には応じかねますので，あらかじめご了承ください．

editor@morikita.co.jp

●本書により得られた情報の使用から生じるいかなる損害についても，当社および本書の著者は責任を負わないものとします．

JCOPY 〈(一社)出版者著作権管理機構 委託出版物〉
本書の無断複製は，著作権法上での例外を除き禁じられています．複製される
場合は，そのつど事前に上記機構（電話 03-5244-5088，FAX 03-5244-5089，
e-mail: info@jcopy.or.jp）の許諾を得てください．

まえがき

　人間は古代ギリシャの頃より，たとえ生産に直接役立たなくても，ひとりでに動く機械を作ろうとする夢と希望をもち続けた．今日の科学技術の進歩は，人間が古代から抱いてきた自動機械の夢をロボットとして実現し，それがまず製造部門に応用され次第に社会のあらゆる分野に及ぼうとしている．自動制御理論は，ロボットに代表される自動機械をある目的にそって動作させるのに必要な理論である．そのなかでも最も基礎となる考え方が，本書で主に扱うフィードバック理論である．生物においてはさまざまなフィードバックがみられ，それが生命維持に本質的役割を果たしている．この点からもフィードバックという概念が，生物を一つの手本とする高度のロボットにとって極めて本質的で有用であることが理解できる．

　近年，科学技術の専門分野はますます細分化の傾向にあるが，一方では活力ある健全な科学技術の発展を達成するために，諸分野を統合化することの重要性が指摘されている．しかし，統合化とは諸分野からの単なるよせあつめであってはならず，中心となる概念の存在が不可欠である．フィードバックの概念は対象として工学系の諸分野を問わず，生物，社会現象にも共通に当てはまる．したがって，フィードバックという概念の導入は，異なる複数の分野を共通に語ることができ，システム的アプローチを可能にする．

　自動制御理論は本来学際的，横断的学問であるので，読者の専門分野も異なることが予想される．本書はこのような広い読者層に対してもまたふさわしい教科書にしようと編述したつもりである．各章ごとにできるだけ多くの例題と演習問題を用意した．それらを一つずつ解いていくうちに，基礎的事項が習得できるように配慮されている．読者が自動制御理論の習熟を通して，システムに対する直観力を養うとともに，基礎に裏打ちされた視野の広さを身に付けることを期待する．

　終りに，本書は著者が竹田宏教授（東北大学工学部），阿部健一教授（現豊橋技術科学大学）とともに東北大学工学部電気・通信・電子・情報4学科の学生に対して行った講義の草稿をもとにして，重要な基礎理論をできる限り網羅するとともに，専門のいかんを問わず広い読者層向けにわかり易く，かつ簡潔にまとめ直したものである．ここに両教授に深く感謝する．また，本書の刊行までにお世話になった森北出版編集部の方々に深く感謝する．

1989 年 9 月　　　　　　　　　　　　　　　　　　　　　　　　　　著　者

■ 受賞にあたって

本書は発刊後，幸いにも熱心な読者諸兄とりわけ専門家各位のご批判とご助言を得て，不備な点やミスプリントの修正を行ってきた．このたび本書は，第6回日本工学教育協会著作賞として表彰された．これはひとえに読者諸兄のこれまでのご叱正の賜である．この機会にこれらの方々に厚く御礼申し上げる．

1997年8月　　　　　　　　　　　　　　　　　　　　　　　　著　者

■ 新装版発行にあたって

本書は，発行から30年が経ったいまも，教科書として読者の支持をいただいています．これからも長くお使いいただけるように，2色刷化し，レイアウトを一新しました．

2019年10月　　　　　　　　　　　　　　　　　　　　　　　出版部

目　次

第1章　序　論　　1

1.1　自動化の夢　　1
　1.1.1　古代の自動販売機　　1　　　1.1.2　オートメーション　　2
　1.1.3　ロボット　　2
1.2　システムと制御　　3
　1.2.1　システムとは　　3　　　1.2.2　ブロック線図　　4
　1.2.3　システムの性質　　6　　　1.2.4　システムの制御　　7
1.3　開ループ制御と閉ループ制御　　8
　1.3.1　開ループ制御　　8　　　1.3.2　閉ループ制御　　9

第2章　フィードバック制御系　　13

2.1　システム構成　　13
　2.1.1　制御系の基本構成　　13　　　2.1.2　一般的表現　　14
2.2　ブロック線図の簡単化　　15
2.3　フィードバックの効果　　18
　2.3.1　内部パラメータ変化の影響　　18　　　2.3.2　外乱による影響　　22
2.4　フィードバック制御系の性能　　23
演習問題　　25

第3章　基礎数学　　27

3.1　複素数　　27
　3.1.1　複素数の表現　　27　　　3.1.2　複素数の加減乗除　　29
3.2　線形微分方程式　　31
　3.2.1　電気系と機械系　　31　　　3.2.2　システムの等価性　　33
3.3　たたみ込み積分　　34

iv　目　次

　3.3.1　インパルス応答　34　　　　3.3.2　ステップ応答　38
3.4　フーリエ変換 ・・・　41
3.5　ラプラス変換 ・・・　43
　3.5.1　ラプラス変換の定義　43　　　3.5.2　ラプラス変換の定理　45
　3.5.3　部分分数展開によるラプラス逆変換　50
演習問題 ・・・　54

第4章　伝達関数　　56

4.1　周波数伝達関数 ・・・　56
　4.1.1　正弦波の複素数表現　56　　　4.1.2　周波数伝達関数と周波数応答　57
　4.1.3　交流回路の複素計算法　59
4.2　伝達関数 ・・・　62
　4.2.1　伝達関数の導出　62　　　　4.2.2　伝達関数とブロック線図　65
4.3　伝達関数と周波数伝達関数 ・・・・・・・・・・・・・・・・・・・・・・・・・・・・・・・　69
4.4　周波数応答の表示 ・・・・・・・・・・・・・・・・・・・・・・・・・・・・・・・・・・・・・・・　70
　4.4.1　ナイキスト線図　70　　　　4.4.2　ボード線図　71
　4.4.3　ゲイン位相線図とニコルス線図　72
演習問題 ・・・　73

第5章　基本伝達関数の特性　　76

5.1　基本伝達関数 ・・・　76
5.2　比例要素 ・・・　77
5.3　微分および積分要素 ・・・・・・・・・・・・・・・・・・・・・・・・・・・・・・・・・・・・・　77
　5.3.1　伝達関数　77　　　　　　5.3.2　時間応答と周波数応答　80
5.4　1次遅れ要素 ・・・　83
　5.4.1　伝達関数　83　　　　　　5.4.2　時間応答と周波数応答　84
5.5　1次進み要素 ・・・　88
　5.5.1　伝達関数　88　　　　　　5.5.2　時間応答と周波数応答　89
5.6　2次要素 ・・・　92
　5.6.1　伝達関数　92　　　　　　5.6.2　時間応答と周波数応答　93
5.7　むだ時間要素 ・・　102
　5.7.1　伝達関数　102　　　　　5.7.2　時間応答と周波数応答　103

演習問題 · 105

第6章 安定性 108

6.1 安定条件 · 108
6.1.1 有界入力 – 有界出力安定　108 　　 6.1.2 特性方程式　112

6.2 ラウス・フルビッツの安定判別法 · 113
6.2.1 ラウスの安定判別法　114 　　 6.2.2 フルビッツの安定判別法　115

6.3 ナイキストの安定判別法 · 117
6.3.1 $G(s)H(s)$ の極が s 平面の右半　　6.3.2 $G(s)H(s)$ の極が s 平面の右半平
　　　　平面にない場合　117 　　　　　　　　面にある場合　123

6.4 安定度 · 124
演習問題 · 128

第7章 速応性と定常特性 130

7.1 時間特性 · 130
7.1.1 過渡特性　130 　　 7.1.2 定常特性　132

7.2 速応性 · 133
7.2.1 過渡特性と周波数特性の関　　7.2.2 ニコルス線図　136
　　　　係　133

7.3 定常偏差 · 140
7.3.1 目標値の変化に対する定常偏　　7.3.2 外乱に対する定常偏差　145
　　　　差　142

演習問題 · 148

第8章 フィードバック制御系の設計 150

8.1 設計仕様 · 150
8.1.1 閉ループ特性　150 　　 8.1.2 開ループ特性　154

8.2 設計法 I（周波数応答法） · 155
8.2.1 ゲイン調整　155 　　 8.2.2 直列補償　159
8.2.3 フィードバック補償　174 　　 8.2.4 PID 調節計　178

8.3 設計法 II（根軌跡法） · 181
8.3.1 根軌跡　181 　　 8.3.2 根軌跡法　184

vi 目 次

8.3.3 補 償 190

演習問題 · 196

演習問題解答　　　　　　　　　　　198

参考図書　　　　　　　　　　　211

索 引　　　　　　　　　　　212

1 序 論

1.1 自動化の夢

1.1.1 古代の自動販売機

　人間は大昔から，機械を動かすのに直接人間の手をわずらわせる必要がない自動化の夢をもち続けた．たとえば，ギリシャ人ヘロンによって，自動で動く機械の考え方はすでに提案されていた．今日「ヘロンの公式」として知られるアレクサンドリアのヘロンは，数学，物理学，機械学についての多くの著作を残している（紀元前 200 年頃～紀元前 150 年頃）．ヘロンの数多くの自動装置の中でも，自動聖水装置は今日の自動販売機の先駆をなすものと考えられる．この装置は古代の神殿の前に置かれ，参拝者が銅貨を入れると聖水がちょろちょろと流れ落ちる仕組みになっている（図 1.1）．

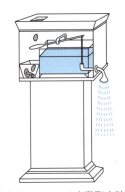

図 1.1　ヘロンの自動聖水装置

　当時の社会においては，もちろんこのような自動化技術を実際に応用して生産に役立てるほどの産業は見当たらなかったし，発達もしていなかった．しかし，人間はたとえ生産に直接役立たなくとも，ひとりでに動く機械を作ろうとする夢と希望をその後も消えることなくもち続けた．それと同時に一方では，単調な作業を機械に任せ，何とかして人間を労働から解放しようと並々ならぬ苦心をしてきた．

1.1.2 オートメーション

コンピュータ技術を中心とする科学技術の進歩は，人間が大昔から抱いてきた自動化の夢を実現し，それがまず製造部門に応用され，オートメーションと呼ばれる生産方式を確立するようになった．

そもそも，オートメーションという言葉は，1948年フォード社副社長ハーダが自社工場の能率化について述べた中で使用したもので，オートマチック・オペレーションを一つの言葉にした新造語といわれている．さまざまな定義がされているが，ここでは簡単に「オートメーションとは，人間の労働・制御・管理をおおかた除去する高度に自動的な機械を使用して行う広義の生産方式」とでもしておこう．

オートメーションは，米国において1953年から1954年にかけて，本格的に工場生産で採用されるようになった．今日では，オートメーションの対象が「物」の生産に限られず，「情報」の生産にも広がっている．図1.2は，工場で使われる操作端末の例である．最近では物理的なボタンやメータがソフトウェアに変わり，タッチパネルディスプレイ上で，情報の表示・監視・操作が一貫してできるようになっている．

図1.2　FA操作端末（提供：オムロン）

1.1.3 ロボット

これまで述べてきた自動化の延長上にあり，科学技術を総合したものとしてロボットがある．ロボットという言葉の起源は，1920年チェコの劇作家カレル・チャペックが「ロサムの万能ロボット」という劇の中で使ったのを初めとする．ロサム兄弟が力を合わせて，ロボットと名づける感情のない機械を発明した．それは，人間の労働を人間よりはるかに能率的に行う能力をもっていた．会社の支配人は前途にすばらしい世界を夢見るが，現場責任者は労働者の失業の問題を心配する．やがて，実際に労働者の解雇が始まり，その後魂を得たロボットが反乱を起こすという筋書きである．

今日広く用いられているのは塗装ロボットに代表される，単能な繰り返しロボット

であり，これは産業用ロボットと呼ばれる．しかし，本来ロボットは人間の機能そのものの装置化であり，その実現には従来のオートメーションとは異なるさまざまの技術が必要となる．ロボット技術の中には，計測・制御技術，コンピュータ技術，機構学など広い分野が含まれる．知能ロボットのようにより高度なロボットでは，周囲の環境に応じて適応的に動作させるために，柔軟なマニピュレータの制御，センサ信号処理，視覚情報処理などが必要不可欠である．産業用以外のロボットも研究段階から実用化段階に入り，たとえば，図 1.3 に示す Pepper は，「感情をもったパーソナルロボット」というコンセプトで開発・販売されている．音声認識や画像認識の技術により，人と自然に会話をすることができる．

図 1.3　パーソナルロボット Pepper（写真：ⓒ Philippe Halle / 123RF.com）

　一般に，知能ロボットの情報処理は複雑で演算量が膨大であるが，半導体製造やリアルタイム OS の技術発展により，実時間動作に耐えられるようになっている．現在は，人工知能技術や，高速無線通信によるインターネットとの接続・連携などについて，研究開発が進められている．

1.2　システムと制御

1.2.1　システムとは

　「ロサムの万能ロボット」にみられるように，機械が人間の意志を無視して，暴走するような事態に至っては重大事である．自動機械は人間の意志に従う動作を行ってこそ，本来の目的である自動化の夢が達成される．機械をより良く制御するためには，対象とする機械を一つのシステムとしてとらえ，システムを構成する要素間の相互作用にまで立ち入る必要がある．
　システムあるいは系とは，種々の機能を有するいくつかの要素が何らかの相互作用

で結ばれている集合である．たとえば，コンピュータは一つのシステムと考えられる．しかし，コンピュータネットワークというようなより大きなシステムを問題とするとき，コンピュータはコンピュータネットワークの一部，すなわちサブシステムとみたほうが適切なことも多い．一方，システムというと何か大きなものを想い浮かべるかもしれないが，小さなものでもそうすることに工学的意味があれば，一つのシステムとして取り扱うことができる．

　たとえば，コンピュータを構成するある小さな電子回路であっても，システムとして取り扱ったほうがよければそうすることができる．コンピュータの大容量記憶素子として使われる4メガビットダイナミックRAM (DRAM) を考えてみよう．1.5 cm角程度のチップ上に約420万個のメモリセルが埋め込まれており，1ビットの情報に対応する面積は数μm四方というオーダとなる．この小さなDRAMも，メモリアレイ，センスアンプ，行デコーダ，行アドレスバッファ，列デコーダ，列アドレスバッファ，制御回路，I/Oなどの部分からなる一つのシステムといえる．

　システムの中には，機械のように人工的に作られたものばかりではなく，金銭の流れに関連する社会経済システム，自然界に存在する生物システム，コンピュータにプログラムされた情報のように物質やエネルギーと直接関係のない情報システムなども含む．

　システムという概念には必ず，そのシステムの環境という概念が対をなしている．環境は，その領域の中の要素の数，性質やその相互関係がまだ明確にされていない．しかし，システムの種々の要素と環境の関係が明確にされ，さらに環境の要素がより多く明確にされるに従い，明確にされたそれらの要素を含むより広い領域が一つのシステムを形作ることになる．

1.2.2　ブロック線図

　すでに述べたように，システムの内部，およびシステムと環境との間には種々の相互作用が存在する．これらの作用を原因結果の関係から方向づけを行い，その流れを信号と呼ぶ．たとえば，電気抵抗の両端に電圧をかけた結果として電流が生じるとみられる場合には，電圧が原因で電流が結果となる．このとき，電圧を入力（入力信号），電流を出力（出力信号）または応答という．このような因果関係は，図1.4のようなブロック線図で表される．ブロック線図では，ブロックによってシステムあるいは要素を，線によって信号を，矢によって信号の向きを表現する．したがって，ブロック線図は信号（情報）の流れに着目した系統図といえる．これに対して電気回路図は，電源を中心としたエネルギーの流れに着目した表現法といえよう．図1.5はブロック線図の基礎を示す．図 (b) において，信号 x をある一つの点から無数に引き出した場

図 1.4　システムの入出力関係

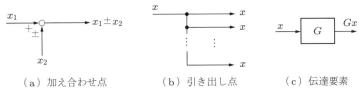

（a）加え合わせ点　　　（b）引き出し点　　　（c）伝達要素

図 1.5　ブロック線図の基礎

合でも，その出力はすべて x である．これは，信号（情報）はいくら取り出しても減るものではないことから理解できる．この点が電気回路図の場合と大きく異なる．図(c)では，システムあるいは要素をここではとりあえず G と表し，これを伝達要素と呼ぶことにする．

後章においては，G の代わりに一般的に $G(j\omega)$，$G(s)$ と表すことになる．

例題 1.1　トランスデューサは，角度，圧力など測定された物理量に比例した電気量（一般には電圧）を発生する要素で，制御系における変換器としてしばしば使われる．ポテンショメータは，トランスデューサの例としてよく知られている．いま，入力を角度 θ，出力を電圧 e とするポテンショメータ（図 1.6）について，その電気回路図とブロック線図を示せ．

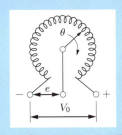

図 1.6　ポテンショメータの原理図

解　電気回路図は電源電圧 V_0 を中心として図 1.7(a) のように書ける．

次に，ポテンショメータを伝達要素 G として，ブロック線図で表してみよう．ポテンショメータは，1 回転 360° を最大角度とすれば，入力 θ と出力 e は次式で与えられる．

$$e = \frac{V_0}{360°}\theta \text{ [V]}$$

そこで伝達要素 G は

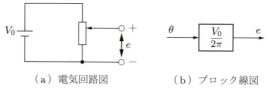

図 1.7　ポテンショメータの電気回路図とブロック線図

$$G = \frac{e}{\theta} = \frac{V_0}{360°} \text{ [V/deg]}$$

または，

$$G = \frac{e}{\theta} = \frac{V_0}{2\pi} \text{ [V/rad]}$$

と書ける．したがって，ブロック線図は図 (b) のように与えられる． ■

1.2.3　システムの性質

ここでは以後，本書で扱うシステムの基本的性質を明らかにしておく．

(1) 因果性

システムに加えられる任意の入力 $x(t)$ が

$$x(t) = 0 \quad t < 0$$

である限り，これに対応する出力 $y(t)$ はつねに

$$y(t) = 0 \quad t < 0$$

が成立する．これは，原因より先に結果が生じないことを示している．このとき，システムは因果性を満足しているという．

(2) 時不変性

図 1.8 に示すように，いまシステムに入力 $x(t)$ を加えたときの出力を $y(t)$ とする．次に，時間 τ を任意に選んで $x(t-\tau)$ を入力として加えたとすれば，その結果生じる出力は $y(t-\tau)$ である．すなわち，$y(t-\tau)$ は $y(t)$ と比べて時間 τ だけ遅れただけで，その波形は変わらない．時不変性は，システムの性質が時間原点の選び方に無関係で変わらないことを示している．

厳密に考えれば，この世のものすべて時間とともに変化しないものはない．しかし，ある短い時間に区切って考えれば，多くのシステムは時不変性を満たす．たとえば，ト

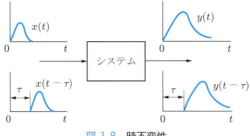

図 1.8 時不変性

ランジスタ増幅器を一つのシステムとする．増幅度を支配するトランジスタの静特性は，長期間では温度変化や経年変化により影響を受けるので，トランジスタ増幅器は時変なシステムといえる．ところが，温度変化や経年変化を受けない程度の短い時間を問題とするならば，トランジスタ増幅器を時不変なシステムとみなせる．

(3) 線形性

入力 $x_1(t)$ に対する出力を $y_1(t)$，入力 $x_2(t)$ に対する出力を $y_2(t)$ とする．線形なシステムでは，二つの実数 a, b を任意に選び，入力として $ax_1(t) + bx_2(t)$ をシステムに加えるとき，その結果得られる出力が $ay_1(t) + by_2(t)$ となる．このことは，重ね合わせの原理としてよく知られている．線形性と重ね合わせとは等価な概念であり，重ね合わせが許されることが線形系のもつ大きな長所である．

実際の物理システムにおいては真に線形なものは存在しない．しかし，ある範囲に限って考えれば，多くのシステムを線形なシステムとみなすことができる（線形化）．たとえば，トランジスタの静特性は本来非線形であるが，動作範囲を狭く使う場合には線形化して線形システムとして取り扱うことができる．

1.2.4 システムの制御

本書で取り扱うシステムは，前述の因果性，時不変性，線形性を満たすものとする．そうすることにより数学的取り扱いが容易になるからである．このような性質は，電気システムにおいては線形回路によって満足され，その取り扱いは線形回路理論として体系化されている．そこで，電気回路ばかりではなく，同様な物理法則の適用を受ける一般の物理システムも当然，線形回路理論の適用を受けることになる．

システムとはどのようなものか，またその性質もわかったところで，次に制御とは何かについて述べる．制御とはシステムの状態をある目的に沿って変化させるための手段である．そのためには，システムを構成する要素の相互作用，その性質などが明確にされていることが必要である．一方，システムの対となる概念，すなわち環境の

場合はそれらが明確にされていない．したがって，環境の制御は本来難しいことが理解されよう．

制御工学は，線形回路理論と後述するフィードバック理論などを含む制御理論を基礎にして，さらに制御技術をふまえて特定の工学分野に限らず電気，機械，化学などあらゆる工学の分野を対象とする．制御理論は，制御対象がどのようなものかに関係なく，種々の分野に共通した数学的取り扱いを行う．その際，種々の分野固有の言語ではなく，それぞれの分野に共通する概念を「共通語」で語ることになる．これに対して，制御技術は制御対象に密着した固有の形態をとる．

1.3 開ループ制御と閉ループ制御

制御方式は大きく二つに分けて考えられる．まず一つは，図1.9(a)に示すように制御系に対する入力としての原因と出力としての結果について，原因 → 結果の因果関係がはっきりしており，結果が入力としての原因に影響を与えない制御方式である．これを開ループ制御といい，開ループ制御を行うシステムを開ループ系という．

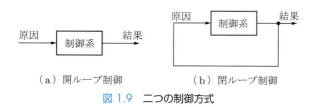

図1.9　二つの制御方式

一方，図(b)のブロック線図のように，出力としての結果が再びその同じシステムの入力（原因）として送り返され，原因 → 結果 → 原因というように閉じた関係を形成する制御方式がある．この型の制御を閉ループ制御，またはフィードバック制御といい，そのような制御を行うシステムを閉ループ系，またはフィードバック制御系と呼ぶ．

以下にこの種の二つの制御方式について，水槽の水位を一定に保つ場合の例を挙げて説明する．

1.3.1 開ループ制御

図1.10(a)は，制御対象としての水槽を中心とする制御系の概略図である．希望する水位をr，実際の水位をcとする．いま，偏差e

$$e = r - c$$

を 0 とするようなバルブの開度 θ_i が，あらかじめわかっているものとする．すなわち，r と θ_i の関係をあらかじめ得ておく．そこで，バルブの開度を θ_i に設定しておけば，水槽への流入量が決まり，結果として希望する水位が保持されるであろう．このような原因と結果の因果関係は，図 (b) のブロック線図で示される．ここでは，原因 → 結果が一方向であり，結果が原因に影響することはないので開ループ制御である．

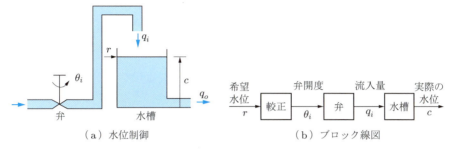

図 1.10　開ループ制御の一例

しかし，開ループ制御方式は水槽への流入量 q_i，流出量 q_o がつねに一定のときはよいが，思いがけないときに流入量，流出量が変動して水位が変わるかもしれないので，θ_i を固定したままでは $r = c$ とすることは困難である．このように，制御系に加わる予想されない変動を外乱という．そこで，外乱がある場合でも水位 c を一定に保持するためには，状況に応じて弁の開度を変化させることが必要となる．

1.3.2　閉ループ制御

いま，図 1.11(a) に示すように人間が偏差 $e = r - c$ をつねに監視し，e の大小に応じてバルブ開度 θ_i を調節することにする．これは，実際の水位（結果）を希望水位（原因）に戻して，その値を比較していることにほかならない．すなわち，実際の水位 c が基準値 r より下にあるときは，現在の弁の開度に比べてさらに弁を開き，一方，水位が上がったならば弁を閉じる方向に回す．以上の動作を信号の流れに着目したブロック線図で表現すると，図 (b) のように描くことができる．この制御方式は閉ループ制御，すなわちフィードバック制御である．ここでは，結果（出力）が原因（入力）から差し引かれ，その差が弁の開く方向を決める．このようなフィードバックを負のフィードバック（負帰還）という．フィードバックにはこのほか，正のフィードバック（正帰還）がある．この場合，結果が原因に加わり，信号が閉ループを循環するに従ってますます増加する．

図のフィードバック制御系においては，人間が介在し重要な役割を果たしている．人間は，脳がもつ比較判断機能や，手を用いて弁を動かす機能を受け持っている．こ

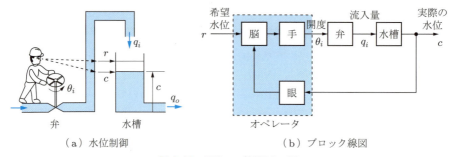

（a）水位制御　　　　　　　　　　（b）ブロック線図

図 1.11　閉ループ制御の一例

のように人間が介在する制御を**手動制御**という．これに対して，人間が介在し操作する役割を機械に代行させる制御を**自動制御**という．

なお，出力がとくに機械的位置であるフィードバック制御系を**サーボ機構**，あるいは**サーボ系**という．サーボ (servo) という語は，ラテン語の奴隷という意味からきたものとされている．サーボ機構は，希望値の変化に出力を追従させようとする制御，すなわち**追値制御**を行う．一方，炉内の温度を制御するようなフィードバック制御系は**プロセス制御系**と呼ばれる．プロセス制御系では一定の希望値に出力を合致させようとする制御，すなわち**定値制御**を行う．

例題 1.2　図 1.12 は，オペレータが制御系の一部として介在する手動制御の例である．制御の目的は，弁の開度を調節し燃料の流量を変えることにより，炉内をある希望温度に保持することである．希望する炉内温度を入力，実際の炉内温度を出力とし，この制御系のブロック線図を描け．さらに，このシステムを自動制御系とする場合のブロック線図を示せ．

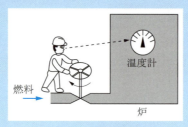

図 1.12　**手動制御系**

解　手動制御は図 1.13(a) のブロック線図で表せる．次に，オペレータの代わりに機械を用いることを考えよう（図 (b)）．

まず，炉内温度を熱電対により検出する．熱電対の出力は電圧であるので，希望温度と直接比較することはできない．そこで，希望温度に相当する電圧に変換しておく必要があり，あ

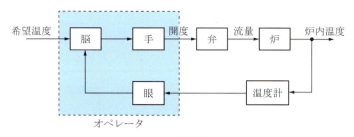

（a）手動制御

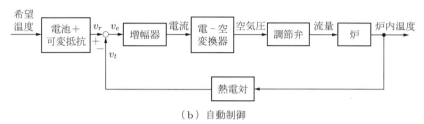

（b）自動制御

図 1.13　手動制御と自動制御の対応

らかじめ可変抵抗値をある値に設定しておく．このようにしておけば，偏差 v_e は

$$v_e = v_r - v_t$$

となる．熱電対の出力電圧は数十 μV/°C 程度の低い値なのでこの差を増幅し，次に，電流信号に比例する空気圧に変換する要素，すなわち電–空変換器を通して空気圧に変換する．この空気圧によって，調節弁が現在設定している開度を増減する．$v_e = 0$ の場合，フィードバック制御はうまく行われていることになるので，現在の開度をそのまま保持することになる．■

例題 1.3　正のフィードバックの例を挙げ，そのブロック線図を示せ．

解　電子回路においては発振回路が挙げられるが，ここでは工学系と異なる分野の例を挙げてみよう．

銀行に預金した場合，利子が複利とすれば年々預金高は増加する．これは正のフィードバックと考えられる．銀行への当初預金額を入力，全預金高を出力とすれば，そのブロック線図は図 1.14(a) のように表される．

また，ある動物が生息地において，えさが十分にあり天敵がいないとすれば，全頭数は図 (b) に示すように増加し続けることになる．実際には，えさにも限りがあり，天敵もいるので（負のフィードバックに相当），適当な頭数に落ち着くことになる．

第1章 序論

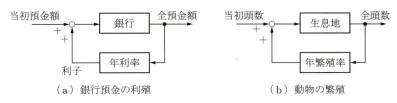

(a) 銀行預金の利殖　　　(b) 動物の繁殖

図 1.14　正のフィードバックの例

2 フィードバック制御系

2.1 システム構成

2.1.1 制御系の基本構成

図 1.11(b) のブロック線図は，フィードバック制御系の一例として，水槽の水位を制御する場合を示したものである．各ブロックは，具体的に手，弁，水槽を表す．しかし，対象とする具体例が何であれ，各ブロックの機能に着目すれば共通の呼び方をすることができる．図 2.1 は，フィードバック制御系の基本構成を示す．図 1.11(b) の各ブロックと対応させながら，その機能について説明する．

まず，水槽の水位のようにわれわれが制御しようとする量を制御量といい，希望する水位を目標値という．水槽のように制御の対象として与えられるシステムを制御対象，あるいはプラントと呼ぶ．フィードバック制御の目的は，制御量と目標値を一致させることにある．そのため，制御対象にコントローラ（制御装置）を付加して制御動作を行わせる．

図 1.11 の場合は，オペレータがコントローラの役割を果たしていたことになる．コントローラは次の三つの部分で構成される．すなわち，検出部，調節部，操作部であり，オペレータの場合はそれぞれ眼，脳，手に対応する．検出部は制御量を測定する部分であり，調節部はこの検出信号と目標値とを比較して，その結果に適当な増幅，演

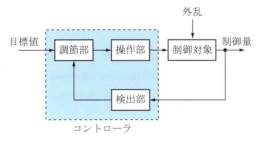

図 2.1 フィードバック制御系の基本構成

算，変換を施す部分である．操作部は調節部からの信号を受けて制御対象に働きかける部分で，アクチュエータとも呼ばれる．

　アクチュエータは一般に電気式と油圧式がある．電気アクチュエータの一つに各種サーボモータ（図2.2）があり，ロボットの駆動用として AC/DC サーボモータがよく知られている．また，サーボモータの中には高精度位置制御を行うことのできる，リニアサーボモータと呼ばれるものもある．油圧アクチュエータは，油圧によるエネルギーを直線運動・回転運動などの機械的なエネルギーに変換するものである．

図 2.2　サーボモータ（提供：オムロン）

2.1.2　一般的表現

　図 2.1 は，いわばハードウェアの観点からフィードバック制御系の基本構成を示したが，制御系を理論的に取り扱う場合は，図 2.3 のような一般的表現を用いることが多い．各要素の用語について説明する．

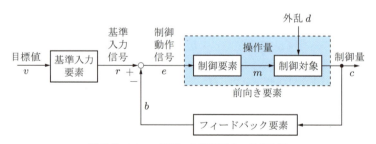

図 2.3　フィードバック制御系の一般的表現

　フィードバックを行うとき，一般にはフィードバック量と目標値が異なる物理量であることが多い．たとえば，目標値が希望温度，フィードバック量が電圧とすれば，温度と電圧を直接大小比較することはできない．比較を行うには，あらかじめ希望温度を電圧に変換しておく必要がある．そのような場合，図に示すように目標値を基準入力要素によって基準入力信号に変換する．このとき，偏差 e は

$$e = r - b$$

となる．制御要素はこの偏差，すなわち制御動作信号に応じた出力を発生する機構であり，その出力を操作量という．制御量 c をフィードバックするための伝達要素を，フィードバック要素という．これに対して，制御要素と制御対象を含めた要素を前向き要素という．

今後，とくに断らない限りフィードバック制御系各要素の呼び方は，この一般的表現を用いることにする．

2.2　ブロック線図の簡単化

前節で述べたフィードバック制御系の基本構成は，系を構成する数多くの要素をその機能に着目し整理したうえで得られたものである．しかし，実際には任意のフィードバック制御系は，多くの要素が入り組んだ形で構成されている．そのような複雑な形のままで，制御系の解析・設計を行うことはできない．そこで，ブロック線図を整理して，できるだけ簡単な形に等価変換することが必要である．

この段階では，まだ各伝達要素の数学的表現を与えていないので，仮に前向き要素を G，フィードバック要素を H と表すことにしよう．ブロック線図の等価変換については，いくつかの法則をまとめて一覧表とすることができる．しかし，基本的考え方に習熟していれば，おのずとそれらの法則を導くことができる．ここではあえて詳しい一覧表を示すことを避け，簡単に表2.1を挙げるにとどめる．

表の (3) の (a) に示されるような，伝達要素 G と H から構成されるフィードバック制御系のブロック線図の簡単化について考えよう．図で，記号 y と e はそれぞれ次式で与えられる．

$$y = Ge \tag{2.1a}$$

$$e = x \mp Hy \tag{2.1b}$$

上式において e を消去し y/x を求めると，

$$\frac{y}{x} = \frac{G}{1 \pm GH} \tag{2.2}$$

を得る．したがって，(a) は (b) のように一つの伝達要素 $G/(1 \pm GH)$ に等価変換されることがわかる．この等価変換はしばしば使われるので，覚えておくと便利な簡単化である．

表の (4) は加え合わせ点を移動する場合であるが，等価変換を行う前 (a) と後 (b) を見比べると，どちらの場合も出力 y は

$$y = Gx_1 \pm x_2 \tag{2.3}$$

16 第2章 フィードバック制御系

表 2.1 ブロック線図の等価変換

	（a）等価変換前	（b）等価変換後
(1)縦続結合	$x \to \boxed{G_1} \to \boxed{G_2} \to y$	$x \to \boxed{G_1 G_2} \to y$
(2)並列結合	x が分岐し $\boxed{G_1}$ と $\boxed{G_1}$ を通り $+,+$ で合わさり y	$x \to \boxed{G_1 \pm G_2} \to y$
(3)フィードバック結合	$x \xrightarrow{+} e \to \boxed{G} \to y$，$\boxed{H}$ でフィードバック（$\mp$）	$x \to \boxed{\dfrac{G}{1 \pm GH}} \to y$
(4)加え合わせ点の移動	$x_1 \to \boxed{G} \xrightarrow{+} y$，$x_2$ が $\pm$ で加わる	$x_1 \xrightarrow{+} y \to \boxed{G}$，$x_2 \to \boxed{\dfrac{1}{G}}$ を通り $\pm$ で加わる
(5)引き出し点の移動	$x \to \boxed{G} \to y_1$，分岐して y_2	$x \to \boxed{G} \to y_1$，分岐して $\boxed{\dfrac{1}{G}} \to y_2$

となっていることがわかる．また，表の (5) は引き出し点の移動を行う場合である．等価変換を行う前 (a) と後 (b) 両者いずれの場合も，出力 y_1 と y_2 は

$$y_1 = Gx \tag{2.4a}$$

$$y_2 = x \tag{2.4b}$$

となる．このように，加え合わせ点の移動や引き出し点の移動においては，出力が等価変換の前後で変わらないように変換してやればよい．

　そのほかにもいくつかの等価変換が挙げられるが，覚えるというよりは必要に応じ

2.2 ブロック線図の簡単化

てその都度都合のよい形に変換すればよい．その際，変換の前後でも出力が同じになるようにすることが肝要である．

例題 2.1 図2.4の複雑なブロック線図を簡単化し，一つの伝達要素で表せ．

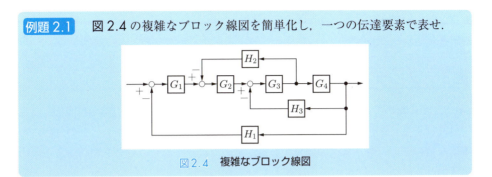

図2.4 複雑なブロック線図

解 この場合のようにフィードバック要素がいくつかあるときは，表2.1(3)の等価変換を用いるとよい．その際，小さい閉ループから大きい閉ループへと順々に等価変換の法則を適用する．

まず，G_3，G_4，H_3 からなる閉ループを簡単化することを考えよう．しかし，引き出し点が G_3 と G_4 の間にあり，表2.1(3)を直接適用することができない．そこで，引き出し点を右に移動することにする．そうすると，移動したことにより引き出し点の信号は G_4 倍されることになる．その分を相殺して元の信号の大きさに戻すため，フィードバック要素 H_2 を $1/G_4$ 倍することが必要である（図2.5(a)）．このことは，結果的には表2.1(5)の法則を適用したことになる．

その結果，図(a)の G_3，G_4，H_3 からなる閉ループは

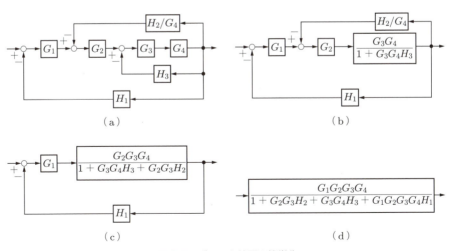

図2.5 ブロック線図の簡単化

$$\frac{G_3 G_4}{1 + G_3 G_4 H_3}$$

で置き換えることができるので，図 (b) のように表せる．さらに，閉ループについて小さいものから大きいものへと順に等価変換を適用していけば，結局，図 (d) のように一つの伝達要素で表すことができる．　■

2.3　フィードバックの効果

1.3.2 項においては，閉ループ系における負のフィードバックの有用さについて，主に外乱によるシステムへの影響を抑制する立場から説明した．しかし，そのほかにも重要な負のフィードバックの効果がある．本書で扱うそれらの効果を要約すると次のようになる．

(i)　内部パラメータ変化によるシステムへの影響の抑制
(ii)　外乱によるシステムへの影響の抑制
(iii)　不安定なシステムの安定化
(vi)　システムの過渡応答の改善

ここでは，簡単のために話をシステムが定常状態のときに限り，上記 (i)，(ii) の効果について定量的考察を行う．(iii)，(iv) については，第 3 章の数学的準備を終えてから扱うことにする．

2.3.1　内部パラメータ変化の影響

(1) 前向き要素 G の変化

いま前向き要素 G が，直流ゲイン G を有する増幅器と考える．増幅器のゲインは，それをとりまく室温などの環境により変化し，また電源変動などにより変化する．さらに長期間を考えれば時間とともに劣化する．このような変化分を ΔG とすると，増幅器は図 2.6(a) のように伝達要素 $G + \Delta G$ として表せる．負のフィードバックを付加しない場合，ゲイン変化はそのままシステムに影響を及ぼす．すなわち，元々のゲイン G に対する変化分 ΔG の割合は

$$\delta = \frac{\Delta G}{G} \tag{2.5}$$

となる．

一方，負のフィードバックを付加すると，図 (b) のようなブロック線図となる．青い囲み部分を新たに得られた増幅器（負帰還増幅器）とみなすことができる．このとき，ゲイン G_o に対する変化分 ΔG_o の割合は

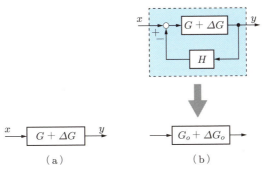

図 2.6 前向き要素 G の変化がシステムに及ぼす影響

$$\delta_o = \frac{\Delta G_o}{G_o} \tag{2.6}$$

と書ける．δ と δ_o の大きさを比べれば，負のフィードバックの効果について定量的に知ることができる．そこで，δ_o を求めてみる．

まず，$G_o + \Delta G_o$ は次式で与えられる．

$$G_o + \Delta G_o = \frac{G + \Delta G}{1 + (G + \Delta G)H}$$

G と H の閉ループについては

$$G_o = \frac{G}{1 + GH}$$

が成り立つので，ΔG_o を求めると

$$\Delta G_o = \frac{G + \Delta G}{1 + (G + \Delta G)H} - \frac{G}{1 + GH} = \frac{\Delta G}{G\{1 + (G + \Delta G)H\}} \cdot \frac{G}{1 + GH}$$

を得る．したがって，G_o に対する変化分 ΔG_o の割合 δ_o は，

$$\delta_o = \frac{\Delta G_o}{G_o} = \frac{\Delta G}{G} \cdot \frac{1}{1 + (G + \Delta G)H}$$

となる．通常，フィードバック制御系においては $GH \gg 1$ となるようにシステムを形成するので，

$$\delta_o = \frac{\Delta G_o}{G_o} \simeq \frac{\Delta G}{G} \cdot \frac{1}{GH} = \frac{\delta}{GH} \tag{2.7}$$

と書ける．上式より，フィードバックありのときは，なしのときに比べて変化分が $1/GH$ に抑えられることが明らかである．この点から GH の値を可能な限り大きくとれば，前向き要素 G の変化によるシステムへの影響の抑制効果がある．しかし，ここ

では G を直流ゲインとしたが，一般には G が周波数特性をもつので，後の章で述べるように GH の値を大きくするとシステムの安定性を損なう傾向にある．したがって，とり得る GH の最大値にはおのずと限界がある．

このような帰還増幅器の一つの例として，図 2.7 に示す非反転増幅回路について説明しよう．ここで，電圧利得 K の増幅器（図 (a)）は演算増幅器（通称オペアンプ，op amp）と呼ばれ，次の理想特性を備えているものとする．

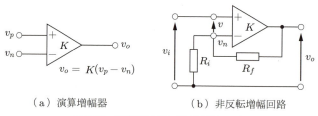

（a）演算増幅器　　　　（b）非反転増幅回路

図 2.7　演算増幅器と非反転増幅回路

- 出力電圧　$v_o = K(v_p - v_n)$
- 電圧利得　$K = \infty$，したがって $v_p - v_n = 0$
- 入力インピーダンス（マイナス端子とプラス端子間）　$Z_i = \infty$
- 出力インピーダンス　$Z_o = 0$
- 周波数帯域幅 $= \infty$

演算増幅器は一般に，図 (b) のように出力端子とマイナス端子との間にインピーダンスを接続し，フィードバックを施して使用する．演算増幅器そのものの入力インピーダンスはきわめて高いので，マイナス端子に流れ込む電流は 0 とみなせる．したがって，v_n は v_o が R_i と R_f の抵抗比で分配された値を示す．すなわち，

$$v_n = \frac{R_i}{R_i + R_f} v_o$$

となる．一方，演算増幅器のプラス端子とマイナス端子間の電圧を v とすれば

$$v = v_i - v_n = v_i - \frac{R_i}{R_i + R_f} v_o \tag{2.8}$$

と表せる．K はきわめて大きいので，$v = 0$ とみなせる．その結果，非反転増幅回路の電圧利得 K_0 は次の式で与えられる．

$$K_0 = \frac{v_o}{v_i} = 1 + \frac{R_f}{R_i} \tag{2.9}$$

この非反転増幅回路のブロック線図表現を考えてみよう．式 (2.8) と

$$v_o = Kv \tag{2.10}$$

から，図 2.8 のブロック線図が得られる．K_0 はブロック線図の簡単化により

$$K_0 = \frac{v_o}{v_i} = \frac{K}{1 + \dfrac{KR_i}{R_i + R_f}} \tag{2.11}$$

と求められる．上式で分子分母を K で割り，$K \to \infty$ とすれば，K_0 は式 (2.9) と同じ結果が得られる．

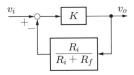

図 2.8　非反転増幅回路のブロック線図

例題 2.2　図 2.6 のシステムにおいて，前向き要素 G に対する変化分 ΔG の割合 δ を

$$\delta = \frac{\Delta G}{G} = 0.1 \ (10\%)$$

とする．負のフィードバックを付加した場合の効果について論ぜよ．

解　負のフィードバックの効果は GH の値によって異なる．たとえば $GH = 100, \ 500$ とする．式 (2.7) の δ_o を求めてみると，

$$GH = 100 \quad \to \quad \delta_o = 0.001 \ (0.1\%)$$
$$GH = 500 \quad \to \quad \delta_o = 0.0002 \ (0.02\%)$$

となる．いずれにせよ，負のフィードバックがないときの $\delta = 0.1 \ (10\%)$ に比べると，負のフィードバックを付加することにより δ_o がそれぞれ 1/100，1/500 と小さくなり，その効果が明らかである．　■

(2) フィードバック要素 H の変化

次に，図 2.9 に示すようにフィードバック要素 H の変化が閉ループのゲイン G_o に及ぼす影響について述べる．H の変化分を ΔH とすると，

$$G_o + \Delta G_o = \frac{G}{1 + G(H + \Delta H)}$$

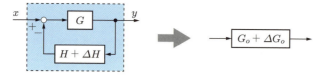

図 2.9 フィードバック要素 H の変化がシステムに及ぼす影響

となる．ΔG_o は

$$\Delta G_o = \frac{G}{1+G(H+\Delta H)} - \frac{G}{1+GH} = -\frac{\Delta H}{H} \cdot \frac{GH}{1+G(H+\Delta H)} \cdot \frac{G}{1+GH}$$

と求められ，$GH \gg 1$ とすれば

$$\frac{\Delta G_o}{G_o} = -\frac{\Delta H}{H} \cdot \frac{GH}{1+G(H+\Delta H)} \simeq -\frac{\Delta H}{H} \tag{2.12}$$

が成り立つ．上式は，フィードバック要素 H の変化が，直接閉ループのゲインに影響することを示している．その点から，H を構成する素子としては，室温の変化や経年変化に対しても安定なものを使用することが肝要である．たとえば，フィードバック要素としては，トランジスタなど能動素子からなる増幅回路を避け，室温の変化や経年変化の影響が少ない抵抗などの受動素子が用いられる．したがって，この場合 H の値は $H \leq 1$ に限られる．

2.3.2 外乱による影響

外乱がフィードバック制御系へ与える影響については，外乱が加わる位置によって大きく異なる．まず，図 2.10(a) のように前向き要素 G の前に外乱 d が加わる場合を考えよう．

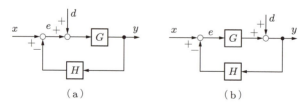

図 2.10 外乱 d がシステムに及ぼす影響

このとき次式が成り立つ．

$$y = G(e+d) \tag{2.13a}$$
$$e = x - Hy \tag{2.13b}$$

上式より

$$y = \frac{G}{1+GH}x + \frac{G}{1+GH}d = G_o x + G_o d = G_o(x+d) \tag{2.14}$$

を得る. x は信号, d は外乱なので, 上式は信号も外乱も同じように G_o 倍されてしまうことを示している. したがって, 信号と外乱が出力に及ぼす影響はまったく同じであるので, フィードバックの効果はみられない.

これに対して, 外乱 d が前向き要素の後に入るものとすれば,

$$y = Ge + d \tag{2.15a}$$
$$e = x - Hy \tag{2.15b}$$

となる. 上式より次式を得る.

$$y = \frac{G}{1+GH}x + \frac{1}{1+GH}d = G_o\left(x + \frac{d}{G}\right) \tag{2.16}$$

右辺第 2 項 d/G は外乱の項であるが, G の値が十分大きければ外乱 d の影響はほとんど現れない. したがってこの場合, 負のフィードバックにより外乱が抑制されたことになる.

一般にフィードバック制御系において, 外乱の加わる場所が前向き要素の後のほうであればあるほど, その外乱の影響は抑制される. たとえば, 多段フィードバック増幅器を設計する際, 前段になればなるほど外乱の影響の受けにくい増幅器を使う必要があるが, 後段になるほどあまり神経を使わなくてもよくなる.

2.4　フィードバック制御系の性能

フィードバック制御系はまず安定であることが要求される. 安定であることを前提としたうえで, フィードバック制御系の性能は減衰性, 速応性, 定常特性の三つの基本特性からみることができる. 制御系の設計においては, 与えられた設計仕様のもとに, 性能上の要求を満足するように制御方式や調整条件を決定する.

三つの基本特性は後で定量的に扱われるが, ここでは簡単に説明しておく. 図 2.11 は, ある制御系に単位ステップ入力を印加した場合の応答, すなわちステップ応答を示したものである. ここで, 制御系の調整条件によって, たとえば図 (a)~(c) のようにさまざまな応答を示すことになる.

フィードバック制御系の入力と出力は目標値と制御量であり, 本来その波形は一致することが望ましい. しかし, 実際には一致しない. そこで, 図 (a)~(c) の性能につ

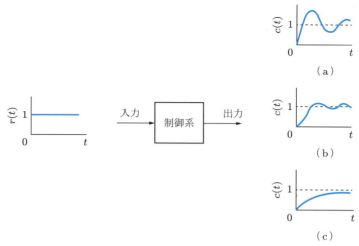

図 2.11 ステップ応答

いて検討してみよう．

　図 (a) では応答は速いが減衰が小さく目標値 1 のまわりで振動し，目標値に落ち着くまでに時間がかかってしまう．この場合，一応安定であるが他の図 (b)，(c) に比べると減衰性が良くない．減衰性が良い制御系は安定性も良いという対応関係がある．

　一方，図 (c) のように減衰性が大きすぎると振動はなくなり安定性は良いが，目標値 1 に達する時間が長くかかってしまうので，速応性は悪い．図 (b) は図 (a) と図 (c) の中間の場合で，減衰性，速応性の点からは，まずまずといったところである．

　これまで述べてきたことは，静止状態にあるフィードバック制御系に対し，$t=0$ で突然ある入力を加えた場合の出力応答であった．入力を加えた初期（過渡状態）には，システムはすぐには追従することができないので，入力と出力が一致しないことはやむをえないものと思われる．しかし，十分時間が経過しても（定常状態），入力と出力が一致しないとすれば問題である．このような定常状態（理論的には $t \to \infty$）における偏差を定常偏差という．制御系の目的に応じて，定常偏差の許容限度が決まる．

　フィードバック制御系の設計に際しては，減衰性，速応性，定常特性（定常偏差）の三つの特性をすべて良くすることは難しい．しかし，制御の目的によっては，三つの特性のいずれかを重視すればよいという場合が多い．そのようなとき，一般にはそれらの特性のトレードオフ（兼ね合い）を考えることになる．

演習問題

2.1 図 2.12 に，入力軸の動き θ_i に制御対象である制御物体の位置 θ_o を追従させることを目的とする簡単なサーボ系の一例を示す．このサーボ系の基本構成をブロック線図で示せ．

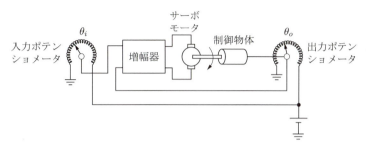

図 2.12

2.2 図 2.13 の (a) と (b) のブロック線図が等価であることを説明せよ．

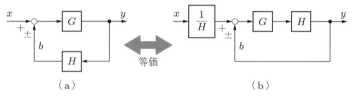

図 2.13

2.3 図 2.14(a)，(b) に示すブロック線図について，それぞれ等価変換を用いて簡単化し，x を入力，y を出力とする単一の伝達要素に描き換えよ．

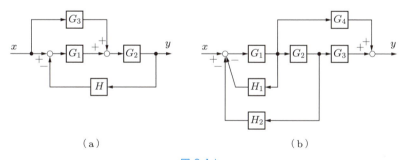

図 2.14

2.4 外乱 d を含むフィードバック制御系のブロック線図を，図 2.15 のように示す．y/x および y/d を求めよ．

2.5 図 2.16 に示す負帰還増幅器において，直流ゲイン G が 10% 変動するとき，負帰還増

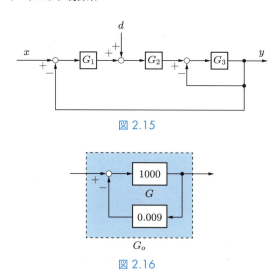

図 2.15

図 2.16

幅器のゲイン変動 $\Delta G_o/G_o$ を調べ，フィードバックの効果について述べよ．

3 基礎数学

3.1 複素数

2.2節，2.3節では伝達要素を実数 G で表現したが，一般に伝達要素は振幅特性と位相特性からなる周波数特性をもつ．したがって，伝達要素を表現するのに適した数学的取り扱いを必要とする．

電気回路理論においては，正弦波状に変化する電圧や電流を複素数で表し，その振幅や位相を与える．自動制御理論においても，数学的取り扱いを簡単にするためによく複素数が用いられる．しかし，元々は実数である物理量を複素数として扱うことになるので，複素数に習熟するとともに，物理的意味を見失わないように留意する必要がある．

3.1.1 複素数の表現

a, b を実数とし，j を $j = \sqrt{-1}$ のような数とするとき，

$$A = a + jb \tag{3.1}$$

で表す数 A を複素数という．a をその実部，b を虚部と名づけ，それぞれ

$$a = \mathrm{Re}\,[A], \quad b = \mathrm{Im}\,[A]$$

と書く．Re は real part, Im は imaginary part からきたものである．

平面上に直交軸をとり，座標 (a,b) の点 A で複素数を表すことにすれば，平面上のすべての点とすべての複素数は $1:1$ の対応をなす．このような平面を複素平面といい，横軸を実軸，縦軸を虚軸という（図 3.1）．$A = a + jb$ のような複素数の位置の表し方を，直角座標形式と呼ぶ．

次に，直角座標 a, b の代わりに

$$a = M\cos\theta, \quad b = M\sin\theta$$

で与えられる極座標を使えば

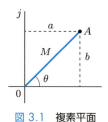

図 3.1　複素平面

$$A = M(\cos\theta + j\sin\theta) \tag{3.2}$$

と書ける．ここで，M を複素数 A の絶対値といい $|A|$ で表し，θ を A の位相または偏角といい $\angle A$，$\arg A$ と書く．すなわち

$$M = |A| = \sqrt{a^2 + b^2} \tag{3.3}$$

$$\theta = \angle A = \arg A = \tan^{-1}\frac{b}{a} \tag{3.4}$$

となる．ここで，arg は argument（偏角）の略である．絶対値 M，位相 θ の複素数は次のように表せる．

$$A = M\angle\theta \tag{3.5}$$

このような表現法を極座標形式という．

また，オイラー（Euler）の公式

$$\cos\theta + j\sin\theta = e^{j\theta} \tag{3.6}$$

を用いると，式 (3.2) は

$$A = Me^{j\theta} \tag{3.7}$$

と書ける．この表現法を指数関数形式という．

任意の複素数はさまざまな形式で表現される．以下にその関係を示す．

$$\begin{aligned}
A &= a + jb = \mathrm{Re}[A] + j\mathrm{Im}[A] = M(\cos\theta + j\sin\theta) \\
&= M\angle\theta = \sqrt{a^2 + b^2}\angle\tan^{-1}\frac{b}{a} = \sqrt{a^2 + b^2}\,e^{j\tan^{-1}\frac{b}{a}} \\
&= Me^{j\theta}
\end{aligned}$$

目的に応じてこれらの式を使い分けると，数学的取り扱いが簡単になることが多いので，よく慣れておく必要がある．

3.1 複素数

例題 3.1 複素数 $A = 2 - j2$ を極座標形式で表せ．また，$10 \angle 225°$ を直角座標形式で表せ．

解
$M = \sqrt{2^2 + 2^2} = \sqrt{8} = 2.828$

$\theta = \tan^{-1}\left(\dfrac{-2}{2}\right) = 315°$

$M \angle \theta = 2.828 \angle 315°$ （図 3.2）

$10 \angle 225° = 10\cos 225° + j10\sin 225° = -7.07 - j7.07$

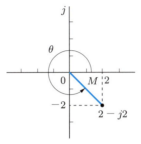

図 3.2 $2 - j2$ の極座標形式

3.1.2 複素数の加減乗除

二つの複素数の加減算は，単に実部と虚部を別々に実行すればよい．

$$A_1 \pm A_2 = (a_1 + jb_1) \pm (a_2 + jb_2)$$
$$= (a_1 \pm a_2) + j(b_1 \pm b_2) \tag{3.8}$$

複素数の乗算は，

$$A_1 A_2 = (a_1 + jb_1)(a_2 + jb_2)$$
$$= (a_1 a_2 - b_1 b_2) + j(a_1 b_2 + b_1 a_2) \tag{3.9}$$

となる．上式は，絶対値 M と位相 θ を使えば次のように書き換えられる．

$$A_1 A_2 = M_1 M_2 \{(\cos\theta_1 \cos\theta_2 - \sin\theta_1 \sin\theta_2) + j(\cos\theta_1 \sin\theta_2 + \sin\theta_1 \cos\theta_2)\}$$
$$= M_1 M_2 \{\cos(\theta_1 + \theta_2) + j\sin(\theta_1 + \theta_2)\}$$
$$= M_1 M_2 e^{j(\theta_1 + \theta_2)} \tag{3.10}$$

30 第 3 章 基礎数学

上式を極座標形式で表せば,

$$(M_1\angle\theta_1)(M_2\angle\theta_2) = M_1M_2\angle(\theta_1 + \theta_2) \tag{3.11}$$

と簡単になる.

複素数の除算は, $A_2 \neq 0$ として

$$\begin{aligned}
\frac{A_1}{A_2} &= \frac{a_1 + jb_1}{a_2 + jb_2} \\
&= \frac{(a_1 + jb_1)(a_2 - jb_2)}{(a_2 + jb_2)(a_2 - jb_2)} = \frac{(a_1a_2 + b_1b_2) + j(b_1a_2 - a_1b_2)}{a_2{}^2 + b_2{}^2}
\end{aligned} \tag{3.12}$$

となる. M, θ を使えば次式のようになる.

$$\begin{aligned}
\frac{A_1}{A_2} &= \frac{M_1M_2\{(\cos\theta_1\cos\theta_2 + \sin\theta_1\sin\theta_2) + j(\sin\theta_1\cos\theta_2 - \cos\theta_1\sin\theta_2)\}}{M_2{}^2} \\
&= \frac{M_1}{M_2}\{\cos(\theta_1 - \theta_2) + j\sin(\theta_1 - \theta_2)\} \\
&= \frac{M_1}{M_2}e^{j(\theta_1 - \theta_2)}
\end{aligned} \tag{3.13}$$

上式を極座標形式で表せば,

$$\frac{M_1\angle\theta_1}{M_2\angle\theta_2} = \frac{M_1}{M_2}\angle(\theta_1 - \theta_2) \tag{3.14}$$

と書ける.

$A = a + jb$, $\bar{A} = a - jb$ で表せる二つの複素数を, 互いに共役な複素数, すなわち共役複素数という. 共役複素数の乗算は単に正の実数となる. すなわち,

$$A\bar{A} = (a + jb)(a - jb) = a^2 + b^2 \tag{3.15}$$

であり, 極座標形式で表せば

$$(M\angle\theta)(M\angle-\theta) = M^2\angle 0 \tag{3.16}$$

となる.

複素数の計算において

$$\frac{c + jd}{a + jb}$$

の形がしばしば現れる. 多くの場合, これを

$$u + jv$$

の形に変形するほうが都合がよい．そのような場合，分母の共役複素数 $a-jb$ を分子・分母に掛けて，分母を実数にすればよい．

> **例題 3.2** 次の複素数 U の分母を実数にし，U を $u+jv$ の形に変形せよ．
> $$U = \frac{3+j4}{-1-j1}$$

解
$$\frac{3+j4}{-1-j1} \cdot \frac{-1+j1}{-1+j1} = \frac{-3+j3-j4-4}{1^2+1^2} = \frac{-7-j1}{2}$$
$$= -\frac{7}{2} - j\frac{1}{2} = -3.5 - j0.5$$

3.2 線形微分方程式

制御対象を所期の目的に合致するように制御するためには，まずその数学的表現を与えなければならない．物理系は一般に非線形であるが，線形化して考えることができる場合が多い．ここでは電気系と機械系を例にとり，線形微分方程式による表現を与えるとともに，二つの系の対応関係について考えよう．

3.2.1 電気系と機械系

図 3.3 では，電気系を構成する基本要素として知られる抵抗素子，インダクタンス素子，キャパシタンス素子における，電圧 $v(t)$ [V] と電流 $i(t)$ [A] の関係を与えている．ただし，記号 R，L，C はそれぞれ抵抗 [Ω]，インダクタンス [H]，キャパシタンス [F] を表す．

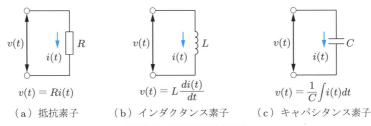

（a）抵抗素子　　（b）インダクタンス素子　　（c）キャパシタンス素子
図 3.3　電気系の基本要素

電気系の一例として，図 3.4 の直列 RLC 回路を考えてみよう．回路を流れる電流を $i(t)$ としてキルヒホッフの電圧則を使うと，次式が得られる．

$$v(t) = L\frac{di(t)}{dt} + Ri(t) + \frac{1}{C}\int i(t)dt \tag{3.17}$$

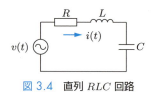

図 3.4　直列 RLC 回路

電荷を $q(t)$ とすると

$$i(t) = \frac{dq(t)}{dt}$$

なので，式 (3.17) を書き換えると次の線形微分方程式が得られる．

$$v(t) = L\frac{d^2q(t)}{dt^2} + R\frac{dq(t)}{dt} + \frac{1}{C}q(t) \tag{3.18}$$

この解は線形微分方程式の解法により求められるが，一般に高次の微分方程式の解を得るのは容易ではない．しかし，3.5 節で後述するラプラス変換を適用すれば，解は容易に得られる．

一方，図 3.5 は，機械系の基本構成要素である質量，ばね，ダンパ（制動器）における外力 $f(t)$ [N] と変位 $x(t)$ [m] の関係を示している．記号 M, K, B は，それぞれ質量 [kg]，ばね定数 [N/m]，粘性摩擦抵抗 [N・s/m] を表す．また，$\alpha(t)$ は加速度，$\nu(t)$ は速度である．

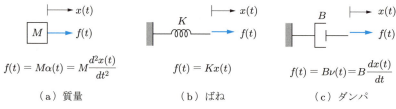

図 3.5　機械系の基本要素

図 3.6 に示すように，質量 M をもつ物体に，ばね定数 K をもつばねと粘性摩擦 B をもつダンパが接続されたとき，この物体が $x(t)$ 方向に振動する状態を表す線形微分方程式は

$$f(t) = M\frac{d^2x(t)}{dt^2} + B\frac{dx(t)}{dt} + Kx(t) \tag{3.19}$$

となる．式 (3.18) と式 (3.19) をみると，二つはまったく同じ型の微分方程式であることがわかる．

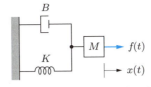

図 3.6 ダンパ・質量・ばね系

3.2.2 システムの等価性

図 3.4 の電気系と図 3.6 の機械系を表す微分方程式が同型であるので，二つのシステムの間に表 3.1 に示す対応関係をおけば，両システムは等価であるといえる．その結果，両システムはまったく同一の立場で論ずることができるので，一般に取り扱いの容易な電気回路についてその回路動作を十分調べておけば，当然，機械系の動作も知ることができる．このような対応関係は電気系，機械系だけではなく，流体系，熱系など工学系全般に成り立つ．さらに，生物，経済，社会など工学以外のシステムにも及んでいる．システムの等価性に着目すれば，自動制御理論があらゆるシステムに共通の概念をもつことが可能であることが理解できよう．

表 3.1 電気系と機械系の対応関係

電気系		機械系	
電圧	$v(t)$	外力	$f(t)$
電流	$i(t)$	速度	$\nu(t)$
電荷	$q(t)$	変位	$x(t)$
抵抗	R	粘性摩擦抵抗	B
インダクタンス	L	質量	M
キャパシタンス	C	ばね定数の逆数	$1/K$

いま，あるシステムの数学モデルが微分方程式で与えられているとすると，このシステムに等価な電気回路を求めることができる．もし，実際に電気回路を作りあげたとすれば，適当な箇所の電圧なり電流なりを測定することにより，数学モデルの解を得ることができる．このような考え方をシミュレーションという．

シミュレーションとは，工学系，自然，社会現象などを他のものを用いて模擬することをいう．とくに対象が大規模で複雑なシステムの場合，シミュレーションはきわめて有効である．そのようなシステムの場合，実物による実験はきわめて高価であり，また安全性などの面での制約によりパラメータを広範囲に変化させてみることが不可能なことがある．そこで，対象とするシステムをコンピュータを用いて模擬し，コンピュータ上で試行的に調べてみる，いわゆるシミュレーションを行うのが現実的である．

このようにシミュレーションを行うためのコンピュータを中心とする装置を，シミュ

レータという．たとえば，火力発電プラントシミュレータ（図 3.7），航空機開発や操縦訓練のためのフライトシミュレータなどがある．火力発電プラント運転員の養成にはもちろん実機による訓練が望ましいが，短期間での運転技術研修にはプラントの起動停止回数，安全運転上の問題などさまざまな制約がある．そこで，実機と同等の中央制御室をもつ運転訓練用シミュレータが利用される．これは適確に火力発電プラントの特性を模擬し，各種の異常故障も発生させることができるため，短期間で効果的な教育が行える．

図 3.7　プラントシミュレータ
（提供：パワー・エンジニアリング・アンド・トレーニングサービス）

3.3　たたみ込み積分

3.3.1　インパルス応答

システムのふるまいを微分方程式によらないで表現する方法として重要なものに，インパルス応答がある．インパルス応答を説明する前に，単位インパルス関数として知られているディラック（Dirac）のデルタ関数 $\delta(t)$ について述べる．デルタ関数 $\delta(t)$ は次のような性質をもつ．

$$\delta(t) = \begin{cases} \infty & t = 0 \\ 0 & t \neq 0 \end{cases} \tag{3.20}$$

$$\int_{-\infty}^{\infty} \delta(t)dt = 1 \tag{3.21a}$$

上式は $t = 0$ の近傍という意味で，積分の区間を $[0^-, 0^+]$ により次式のようにも書くことができる．

$$\int_{0^-}^{0^+} \delta(t)dt = 1 \tag{3.21b}$$

3.3 たたみ込み積分

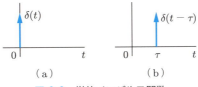

図 3.8 単位インパルス関数

$\delta(t)$ は単位面積をもつパルスで，パルス幅を限りなく 0 に近づけたものといえる．したがって，単位インパルス関数は信号の大きさが無限大となるので，図 3.8(a) に示すように矢印によって示すことにする．

次に，$\delta(t)$ に比べて時間 τ だけ遅れた単位インパルス関数（図 (b)）は

$$\delta(t-\tau) = \begin{cases} \infty & t = \tau \\ 0 & t \neq \tau \end{cases} \tag{3.22}$$

と表され，その積分は

$$\int_{-\infty}^{\infty} \delta(t-\tau) dt = 1 \tag{3.23a}$$

となる．τ の近傍での積分という意味で，積分の区間を $[\tau^-, \tau^+]$ にとり

$$\int_{\tau^-}^{\tau^+} \delta(t-\tau) dt = 1 \tag{3.23b}$$

とも書ける．ところで，任意の関数を $f(t)$ とすれば，次式が成り立つことは明らかであろう．

$$\int_{-\infty}^{\infty} f(t)\delta(t) dt = f(0) \tag{3.24}$$

また，$\delta(t-\tau)$ は $t = \tau$ のときに限り意味があるので，

$$\int_{-\infty}^{\infty} f(t)\delta(t-\tau) dt = f(\tau) \tag{3.25}$$

となる．

さて，図 3.9 に示すように，ある線形システムに単位インパルスを入力として加えたときの出力 $g(t)$ は，インパルス応答と呼ばれる．われわれの日常生活においても，ある中身のわからないブラックボックスがあるとき，一つのテスト入力として単位インパルスを加え，その応答から中身を知ろうとすることがしばしばある．たとえば，スイカを店で買うとき指でトントンとたたいてみて（単位インパルスを加え），その音

図 3.9 インパルス応答

(インパルス応答) から中身が十分詰まっているかどうかを判断する．

また，互いによく知らない人間どうしの場合，まずひとこと言ってみてその反応からブラックボックスとしての相手を知ろうとする．このようにテスト入力として単位インパルスを使うのは，きわめて有効であることをわれわれは経験的に知っている．ところで，このインパルス応答は入力として単位インパルスを加えた場合であるが，入力として任意の信号を加えたときの応答はどのようになるであろうか．

そこで，ある線形システムのインパルス応答 $g(t)$ がわかっているものとして，任意の入力信号 $x(t)$ をシステムに加えたときの出力信号 $y(t)$ (図 3.10(a)) を求めてみよう．その考え方は，図 (b)～(e) で段階ごとに順を追って説明することができる．まず，図 (b) は $\delta(t)$ を線形システムに加えたときの出力，すなわちインパルス応答 $g(t)$ を示す．図 (c) では，時間 τ だけ遅れた時刻に単位インパルスを加えたときの出力を示す．本書で取り扱う線形システムは時不変なので，図 (b) と図 (c) の出力波形を比べるとわかるように入力を印加する時刻に関係なく同じ出力波形が得られる．次に図 (d) で

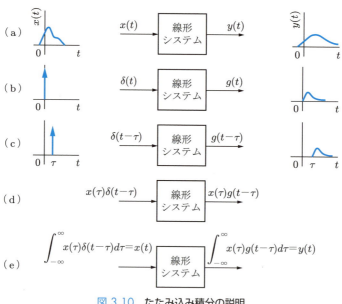

図 3.10 たたみ込み積分の説明

示されるように，$t = \tau$ においてある大きさの入力信号 $x(\tau)\delta(t - \tau)$ を線形システムに加えたとすれば，重ね合わせが成り立ち，その出力は $x(\tau)g(t - \tau)$ となる．

図 (e) では図 (d) の入力および出力信号を，それぞれ積分変数を τ として，$-\infty < \tau < \infty$ にわたって積分する．まず，$x(\tau)\delta(t - \tau)$ を積分すると，式 (3.25) からもわかるように $\tau = t$ に限り意味があるので

$$\int_{-\infty}^{\infty} x(\tau)\delta(t - \tau)d\tau = x(t)$$

となる．したがって，入力 $x(t)$ を線形システムに加えたときの出力は，図 (a) で明らかなように $y(t)$ であるから

$$\int_{-\infty}^{\infty} x(\tau)g(t - \tau)d\tau = y(t) \tag{3.26}$$

が成り立つ．上式で示される積分形式をたたみ込み積分という．

次に，これとは別の表現を示そう．ここで，積分変数を $t - \tau = \tau'$ と置き換えてみると，$x(\tau)$ および $g(t - \tau)$ がそれぞれ $x(t - \tau')$ および $g(\tau')$ となる．また，$d\tau = -d\tau'$ となる．式 (3.26) において積分の区間は τ については $-\infty$ から ∞ までであったが，新しく τ' について考えると ∞ から $-\infty$ となる．したがって，積分変数を τ' とすると次式のようになる．

$$y(t) = -\int_{\infty}^{-\infty} g(\tau')x(t - \tau')d\tau' = \int_{-\infty}^{\infty} g(\tau')x(t - \tau')d\tau'$$

τ' は任意の値なので $\tau' \to \tau$ としてもさしつかえない．結局，上式は次のように書ける．

$$y(t) = \int_{-\infty}^{\infty} g(\tau)x(t - \tau)d\tau \tag{3.27}$$

ここで，実際の入力について

$$x(t) = 0 \qquad t < 0$$

とすると，式 (3.26) は

$$y(t) = \int_{0}^{\infty} x(\tau)g(t - \tau)d\tau$$

と書ける．また，因果性が満足されているのでインパルス応答についても

$$g(t) = 0 \qquad t < 0$$

となる．その結果，たたみ込み積分の下端および上端は次のように書き換えられる．

$$y(t) = \int_0^t x(\tau)g(t-\tau)d\tau \tag{3.28}$$

さて，上式の変数を $t - \tau = \tau'$ と置き換えると，式 (3.28) における積分の区間は τ については 0 から t までであったが，τ' については t から 0 までとなる．したがって，式 (3.28) の積分変数を τ' とすると次式のようになる．

$$y(t) = -\int_t^0 g(\tau')x(t-\tau')d\tau' = \int_0^t g(\tau')x(t-\tau')d\tau'$$

$\tau' \to \tau$ と置き換えると上式は

$$y(t) = \int_0^t g(\tau)x(t-\tau)d\tau \tag{3.29}$$

と表せる．式 (3.28) と式 (3.29) からわかるように，たたみ込み積分においては $g(t)$ と $x(t)$ を交換しても成り立つことが理解できる．たたみ込み積分の積分表現はいくぶん面倒なので，次のように略記してもよい．

$$y(t) = x(t) * g(t) = g(t) * x(t)$$

このように，線形時不変システムに加えられた任意の信号 $x(t)$ と，これにより生じる出力信号 $y(t)$ との間の対応関係は，インパルス応答が与えられていれば，式 (3.28) と式 (3.29) を用いて求められる．

3.3.2 ステップ応答

ある線形システムのインパルス応答 $g(t)$ がわかっているものとしよう．このとき，たたみ込み積分を用いれば，ステップ状の入力をシステムに印加するときの出力が求められる．

まず，図 3.11 に示す単位ステップ関数 $u(t)$ を次のように定義する．

$$u(t) = \begin{cases} 1 & t \geq 0 \\ 0 & t < 0 \end{cases} \tag{3.30}$$

単位ステップ入力をシステムに印加するときの出力をステップ応答という．ここでは一つの基準として入力を単位ステップ関数としているが，必ずしも単位入力でなくてもよい．入力がある一定の値から他の一定の値に瞬時的に変化したときの応答も，ステップ応答と呼ぶ．ステップ応答は，システムや要素の動特性を特徴づける指標となる重要な特性である．すでに 2.4 節で述べたように，制御系のステップ応答を得るこ

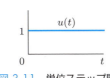
図 3.11 単位ステップ関数

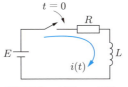
図 3.12 直列 RL 回路

とにより，その制御系の減衰性，速応性，定常特性などの性能を知ることができる．

ステップ応答は，式 (3.29) を用いることにより次式で与えられる．

$$y(t) = \int_0^t g(\tau)u(t-\tau)d\tau \tag{3.31}$$

さて，図 3.12 に示すような抵抗 R とインダクタンス L との直列回路に，時刻 $t=0$ において直流電圧電源 E を加えたとき，回路に流れる電流を $i(t)$ とする．

ここで，ステップ状の直流電圧 E は単位ステップ関数 $u(t)$ を用いて

$$Eu(t)$$

と表せる．この RL 直列回路に入力電圧として単位インパルスを加えたときの出力電流，すなわちインパルス応答が

$$g(t) = \frac{1}{L}e^{-\frac{R}{L}t} \tag{3.32}$$

とわかっているものとしよう．このとき，その出力電流 $i(t)$，すなわちステップ応答は式 (3.31) より

$$i(t) = E\int_0^t g(\tau)u(t-\tau)d\tau$$

と求めることができる．上式は，式 (3.31) のステップ応答に E を掛けたものにほかならない．$g(\tau)$ を代入すると次式が得られる．

$$i(t) = E\int_0^t \frac{1}{L}e^{-\frac{R}{L}\tau} \cdot u(t-\tau)d\tau \tag{3.33}$$

τ を変数とする関数 $u(t-\tau)$ は図 3.13 のように表される．すなわち，

$$u(t-\tau) = \begin{cases} 1 & \tau \leq t \\ 0 & t < \tau \leq \infty \end{cases} \tag{3.34}$$

と与えられる．したがって，式 (3.33) は次のように求められる．

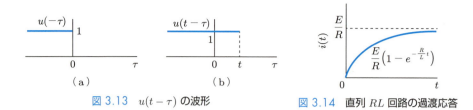

図 3.13 $u(t-\tau)$ の波形   図 3.14 直列 RL 回路の過渡応答

$$i(t) = E\int_0^t \frac{1}{L}e^{-\frac{R}{L}\tau}d\tau = E\left[-\frac{1}{R}e^{-\frac{R}{L}\tau}\right]_0^t = \frac{E}{R}(1-e^{-\frac{R}{L}t}) \tag{3.35}$$

図 3.14 は，上式から得られるステップ応答 $i(t)$ の概形を描いたものである．ところで，上式はたたみ込み積分の計算結果を直接与えたものであるが，たたみ込み積分の考え方を図示してみると図 3.15 のようになる．

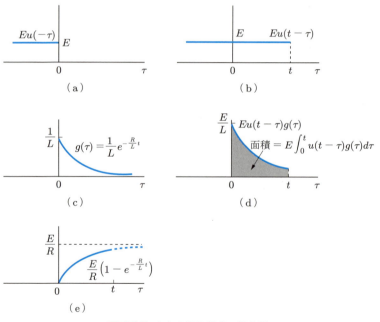

図 3.15 たたみ込み積分の概念図

この場合，簡単な例としてステップ状入力を挙げたが，もちろん任意の入力であっても式 (3.28)，(3.29) のたたみ込み積分の計算により出力を求めることができる．しかし，たたみ込み積分も後述するラプラス変換を利用すれば，積分の操作が単純な掛け算になるので扱いやすくなる．

3.4 フーリエ変換

 システムの数学的表現として，これまで 3.2 節では線形微分方程式，3.3 節ではたたみ込み積分を挙げた．これらの解はいずれも時間領域で得られる．このように時間領域で解くよりも，いったん周波数領域に変換したうえで解を求めたほうが簡単になる．以下にそのことについて説明する．
 時間領域と周波数領域の関係を与えるものとして，次のフーリエ変換対がある．

$$F(j\omega) = \int_{-\infty}^{\infty} f(t)e^{-j\omega t} dt \tag{3.36}$$

$$f(t) = \frac{1}{2\pi} \int_{-\infty}^{\infty} F(j\omega)e^{j\omega t} d\omega \tag{3.37}$$

ただし，関数 $f(t)$ は次の条件を満足する必要がある．

$$\int_{-\infty}^{\infty} |f(t)| dt < \infty \tag{3.38}$$

式 (3.36) をフーリエ変換，式 (3.37) をフーリエ逆変換といい，簡単にするためそれぞれ次のように表現することがある．

$$F(j\omega) = \mathcal{F}[f(t)]$$

$$f(t) = \mathcal{F}^{-1}[F(j\omega)]$$

なお，式 (3.36) および式 (3.38) において，$f(t)$ が

$$f(t) = 0 \quad t < 0$$

の場合は，それぞれの積分の下端を 0 としてよい．
 以上の結果に基づき，時間領域と周波数領域の関係を示すと図 3.16 のようになる．
 次に，周波数領域における線形システムへの入力 $X(j\omega) = \mathcal{F}[x(t)]$ と出力 $Y(j\omega) = \mathcal{F}[y(t)]$ の関係について求めてみよう．まず，$Y(j\omega)$ は

$$Y(j\omega) = \int_0^{\infty} y(t)e^{-j\omega t} dt$$

図 3.16 フーリエ変換と逆変換

42 第 3 章 基礎数学

と与えられる．$y(t)$ として式 (3.29) のたたみ込み積分形式を用いると，上式は次のように書ける．

$$Y(j\omega) = \int_0^\infty \left[\int_0^t g(\tau)x(t-\tau)d\tau \right] e^{-j\omega t} dt \tag{3.39}$$

いま，式 (3.34) の τ を変数とする関数 $u(t-\tau)$ を $g(\tau)x(t-\tau)$ に掛けても，$u(t-\tau) = 1$，$\tau \leq t$ なのでその大きさは変わらない．得られた関数 $g(\tau)x(t-\tau)u(t-\tau)$ は，τ が t から ∞ までの間は 0 なので，式 (3.39) の積分の上端 t を ∞ に変えてもさしつかえない．

$$Y(j\omega) = \int_0^\infty \int_0^\infty g(\tau)x(t-\tau)u(t-\tau)d\tau \ e^{-j\omega t} dt \tag{3.40}$$

ここで，$t - \tau = t'$ とおく．また，積分の順序を変えることができるので

$$\begin{aligned} Y(j\omega) &= \int_0^\infty g(\tau) \int_0^\infty e^{-j\omega(\tau+t')}x(t')u(t')dt'd\tau \\ &= \int_0^\infty g(\tau)e^{-j\omega\tau} \int_0^\infty x(t')u(t')e^{-j\omega t'} dt'd\tau \end{aligned} \tag{3.41}$$

を得る．上式の積分の下端は 0 であり，$u(t')$ は

$$u(t') = \begin{cases} 1 & t' \geq 0 \\ 0 & t' < 0 \end{cases}$$

なので，$u(t')$ を除いても上式の値は変わらない．

さて，式 (3.41) において

$$\int_0^\infty x(t')e^{-j\omega t'} dt' = X(j\omega)$$

$$\int_0^\infty g(\tau)e^{-j\omega\tau} d\tau = G(j\omega)$$

なので，$Y(j\omega)$ は結局次のように表せる．

$$Y(j\omega) = X(j\omega)G(j\omega) \tag{3.42}$$

時間領域においては線形システムの出力を得るには複雑なたたみ込み積分を必要としたが，周波数領域では上式で与えられるように単に掛け算により求めることができる．図 3.17 は，時間領域と周波数領域における入出力関係を示したものである．

なお，ここで得られた $G(j\omega)$ は後の章で周波数伝達関数と呼ばれる．

3.5 ラプラス変換

(a) 時間領域　　　　　　　　　　　(b) 周波数領域

図 3.17　線形システムの入出力関係

3.5 ラプラス変換

3.5.1 ラプラス変換の定義

　前節では，フーリエ変換を用いることにより，システムの入出力関係を周波数領域で扱うことができることを示した．しかし，ある時間関数 $f(t)$ のフーリエ変換 $F(j\omega) = \mathcal{F}[f(t)]$ を得るには，式 (3.38) の条件を満足することが必要である．ところが，自動制御の分野で最も重要な関数の一つで，しばしば用いられる単位ステップ関数 $u(t)$ は

$$\int_0^\infty |u(t)|dt = \int_0^\infty 1 dt = [t]_0^\infty = \infty$$

となるので，式 (3.38) の条件を満足しない．したがって，$U(j\omega) = \mathcal{F}[u(t)]$ を求めることができない．そのため，任意の関数にフーリエ変換が適用できるように，適用の範囲を拡張する必要がある．

　そこで，図 3.18 に示すように，単位ステップ関数 $u(t)$ に一つの収束因子 $e^{-\sigma t}$ を掛けることにする．すなわち，

$$v(t) = u(t)e^{-\sigma t} \qquad \sigma > 0 \tag{3.43}$$

で与えられる関数 $v(t)$ を考える．ここで，収束因子 $e^{-\sigma t}$ は $\sigma \to 0$ のとき，$e^{-\sigma t} \to 1$ となる．したがって，σ がきわめて小さいときは，$v(t)$ は $u(t)$ に限りなく近づく．このとき，$v(t)$ は

$$\int_0^\infty |v(t)|dt = \int_0^\infty |u(t)e^{-\sigma t}|dt < \infty$$

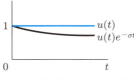

図 3.18　収束因子の影響

44 第 3 章 基礎数学

となるので，フーリエ変換可能となる．

いま，任意の関数 $f(t)$ のフーリエ変換を考えよう．そこで，$f(t)$ に収束因子 $e^{-\sigma t}$ を掛けフーリエ変換を適用する．すなわち，

$$\mathcal{F}[f(t)e^{-\sigma t}] = \int_0^\infty f(t)e^{-\sigma t}e^{-j\omega t}dt$$
$$= \int_0^\infty f(t)e^{-(\sigma+j\omega)t}dt$$

となる．ここで，$\sigma + j\omega = s$ とおけば

$$\int_0^\infty f(t)e^{-st}dt$$

が得られる．

上式を $f(t)$ のラプラス変換といい，

$$F(s) = \int_0^\infty f(t)e^{-st}dt \tag{3.44}$$

と表す．また，ラプラス逆変換は，

$$f(t) = \frac{1}{2\pi j}\int_{\sigma_0-j\infty}^{\sigma_0+j\infty} F(s)e^{st}ds \tag{3.45}$$

で与えられる．ラプラス変換とラプラス逆変換は，簡単に表現するため次のように書くことにする．

$$F(s) = \mathcal{L}[f(t)]$$
$$f(t) = \mathcal{L}^{-1}[F(s)]$$

このように，ラプラス変換はフーリエ変換を任意の関数に適用できるように拡張したものにほかならない．したがって，システムの入出力関係を周波数領域で取り扱う際，今後はフーリエ変換の代わりにラプラス変換を用いることにしよう．ラプラス変換を基礎にしたこの種の取り扱いは，周波数領域の立場に含まれるが，フーリエ変換の場合との混合を避ける意味でとくに s 領域での取り扱いといわれる．

以下，本書ではラプラス変換の数学的取り扱いを厳密にするというよりは，むしろラプラス変換を手軽に使用するというユーザの立場をとることにする．

3.5 ラプラス変換 **45**

例題 3.3　単位インパルス関数 $\delta(t)$，単位ステップ関数 $u(t)$，単位ランプ関数 $r(t)(= tu(t))$ のラプラス変換を求めよ．

解　(1)　$\mathcal{L}[\delta(t)] = \displaystyle\int_0^\infty \delta(t)e^{-st}dt = 1$

(2)　$\mathcal{L}[u(t)] = \displaystyle\int_0^\infty u(t)e^{-st}dt = \int_0^\infty e^{-st}dt = \left[-\frac{1}{s}\cdot e^{-st}\right]_0^\infty = \frac{1}{s}$

(3)　$\mathcal{L}[r(t)] = \displaystyle\int_0^\infty t\cdot e^{-st}dt = \frac{1}{s^2}$　■

　任意の関数のラプラス変換は，基本的には式 (3.44) の積分を行うことにより求めることができる．しかし，自動制御理論に限れば，積分することに本来の目的があるわけではない．そこで，いちいちラプラス変換（積分）することのわずらわしさを避ける意味で，ラプラス変換を行った結果だけを示す表が作成されており，われわれはこれを用いることができる．表 3.2 は，しばしば使われる基本的な関係についてのラプラス変換対を示したものである．ラプラス逆変換の場合も，式 (3.45) により計算する代わりに，同様に表を用いることにしよう．ただし，表を適用する場合，次に述べる二，三の定理を必要とする．

3.5.2　ラプラス変換の定理

　ラプラス変換については，すでに述べたように式 (3.44) を用いることにより求めることができる．しかし，実際には以下の重要な諸定理について十分な知識をもっていると，ラプラス変換対表を用いてその計算が容易にできるようになる．また，その定理の中には自動制御理論の基礎概念と密接な関係がある有用な定理がある．これらの定理は，基本的には式 (3.44) にたち返って考えれば証明することができるが，ここでは証明を省いて定理だけを示すことにする．

■ 加法定理

$$\mathcal{L}[f_1(t) \pm f_2(t)] = \mathcal{L}[f_1(t)] \pm \mathcal{L}[f_2(t)] \tag{3.46}$$

■ 定数倍

$$\mathcal{L}[k\,f(t)] = k\,\mathcal{L}[f(t)] \tag{3.47}$$

■ 微分

$$\mathcal{L}\left[\frac{df(t)}{dt}\right] = sF(s) - f(0) \tag{3.48a}$$

46 第 3 章 基礎数学

表 3.2　ラプラス変換対表

	$f(t) = \mathcal{L}^{-1}[F(s)]$	$F(s) = \mathcal{L}[f(t)]$
(1)	$\delta(t)$	1
(2)	1 あるいは $u(t)$	$\dfrac{1}{s}$
(3)	$tu(t)$	$\dfrac{1}{s^2}$
(4)	$\dfrac{t^{n-1}}{(n-1)!}u(t),\ n=1,2,\ldots$	$\dfrac{1}{s^n}$
(5)	$e^{-\alpha t}u(t)$	$\dfrac{1}{s+\alpha}$
(6)	$te^{-\alpha t}u(t)$	$\dfrac{1}{(s+\alpha)^2}$
(7)	$\dfrac{t^{n-1}}{(n-1)!}e^{-\alpha t}u(t),\ n=1,2,\ldots$	$\dfrac{1}{(s+\alpha)^n}$
(8)	$\dfrac{1}{\beta-\alpha}(e^{-\alpha t}-e^{-\beta t})u(t)$	$\dfrac{1}{(s+\alpha)(s+\beta)}$
(9)	$\sin\omega t\ u(t)$	$\dfrac{\omega}{s^2+\omega^2}$
(10)	$\cos\omega t\ u(t)$	$\dfrac{s}{s^2+\omega^2}$
(11)	$\sin(\omega t+\theta)u(t)$	$\dfrac{s\sin\theta+\omega\cos\theta}{s^2+\omega^2}$
(12)	$\cos(\omega t+\theta)u(t)$	$\dfrac{s\cos\theta-\omega\sin\theta}{s^2+\omega^2}$
(13)	$e^{-\alpha t}\sin\omega t\ u(t)$	$\dfrac{\omega}{(s+\alpha)^2+\omega^2}$
(14)	$e^{-\alpha t}\cos\omega t\ u(t)$	$\dfrac{s+\alpha}{(s+\alpha)^2+\omega^2}$

一般に

$$\mathcal{L}\left[\frac{d^n f(t)}{dt^n}\right] = s^n F(s) - \sum_{k=1}^{n} s^{n-k} f^{(k-1)}(0) \tag{3.48b}$$

ただし

$$f^{(k-1)}(t) = \frac{d^{k-1}}{dt^{k-1}}f(t)$$

■ 積分

$$\mathcal{L}\left[\int_0^t f(t)dt\right] = \frac{F(s)}{s} \tag{3.49a}$$

一般に

$$\mathcal{L}\left[\int_0^t \int_0^t \cdots \int_0^t f(t)(dt)^n\right] = \frac{1}{s^n}F(s) \tag{3.49b}$$

式 (3.48), (3.49) をみると, 時間領域では面倒な微積分が, s 領域ではきわめて簡単に代数計算で行えることがわかる.

例題 3.4 ラプラス変換対表を用いて次の関数のラプラス変換を求めよ.

(1) $100\sin 10t$　　(2) $u(t) - \delta(t) + e^{-3t}$　　(3) $10u(t) - \dfrac{e^{-t}}{5}$

解　(1) 定数倍定理を利用し, ラプラス変換対表より次のように求められる.

$$\mathcal{L}[100\sin 10t] = 100\mathcal{L}[\sin 10t] = \frac{1000}{s^2 + 100}$$

(2) 加法定理を利用し, ラプラス変換対表より次のように求められる.

$$\mathcal{L}[u(t) - \delta(t) + e^{-3t}] = \mathcal{L}[u(t)] - \mathcal{L}[\delta(t)] + \mathcal{L}[e^{-3t}]$$
$$= \frac{1}{s} - 1 + \frac{1}{s+3}$$

(3) 定数倍定理と加法定理を利用し, ラプラス変換対表より次のように求められる.

$$\mathcal{L}\left[10u(t) - \frac{e^{-t}}{5}\right] = 10\mathcal{L}[u(t)] - \frac{1}{5}\mathcal{L}[e^{-t}]$$
$$= \frac{10}{s} - \frac{1}{5}\frac{1}{s+1}$$

例題 3.5 ラプラス変換対表を用いて次の関数のラプラス逆変換を求めよ.

(1) $F(s) = \dfrac{10}{2s+4}$　　(2) $F(s) = \dfrac{48}{s^2+36}$　　(3) $F(s) = 5$

解　ラプラス変換対表が利用できるように, あらかじめ (1), (2), (3) を変形しておけばよい.

(1) $F(s) = \dfrac{10}{2s+4} = 5\dfrac{1}{s+2}$

表 3.2 (5) より

$$f(t) = 5e^{-2t}$$

(2) $F(s) = \dfrac{48}{s^2+36} = 8\dfrac{6}{s^2+6^2}$

表 3.2 (9) より

$$f(t) = 8\sin 6t$$

(3) $F(s) = 5$

表 3.2（1）より

$$f(t) = 5\delta(t)$$

■ たたみ込み積分

$$\mathcal{L}[f_1(t) * f_2(t)] = \mathcal{L}\left[\int_0^t f_1(\tau)f_2(t-\tau)d\tau\right] = F_1(s)F_2(s) \tag{3.50}$$

たたみ込み積分も，時間領域で実行しようとなると複雑な計算となる．ところが上式からわかるように，s 領域では単なる掛け算となる．この定理を用いて，ある線形システムの入出力関係を s 領域で表すことを考えてみよう．

そこで，3.3.1 項ですでに述べたように，入力を $x(t)$，単位インパルス応答を $g(t)$ とすれば，出力は次のたたみ込み積分で与えられる．

$$y(t) = \int_0^t g(\tau)x(t-\tau)d\tau$$

このたたみ込み積分をラプラス変換すれば，s 領域表現が得られる．すなわち

$$\mathcal{L}[y(t)] = Y(s)$$
$$\mathcal{L}\left[\int_0^t g(\tau)x(t-\tau)d\tau\right] = G(s)X(s)$$

となり，出力 $Y(s)$ は次のような $G(s)$ と $X(s)$ の掛け算で与えられる．

$$Y(s) = G(s)X(s) \tag{3.51}$$

時間領域での出力 $y(t)$ を求めたければ，次のラプラス逆変換により計算することができる．

$$y(t) = \mathcal{L}^{-1}[Y(s)] = \mathcal{L}^{-1}[G(s)X(s)] \tag{3.52}$$

図 3.19 は，システムの入出力関係を時間領域と s 領域で示したものである．時間領域で複雑なたたみ込み積分を実行するよりも，s 領域で掛け算を実行するほうが簡単であるので，今後は s 領域で扱うことにしよう．なお，システムを特徴づける関数 $G(s)$ は，第 4 章で伝達関数と呼ばれる重要な考え方である．

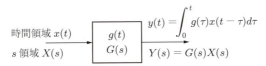

図 3.19　時間領域と s 領域におけるシステムの入出力関係

■ 時間遅れ

$$\mathcal{L}[f(t-\tau)] = e^{-\tau s}F(s) \tag{3.53}$$

上式は図 3.20 のように，元の関数 $f(t)$ に比べて時間 τ だけ遅れた関数 $f(t-\tau)$ のラプラス変換が，元の関数 $f(t)$ のラプラス変換 $F(s)$ に $e^{-\tau s}$ を掛けたものに等しいことを示している．τ をむだ時間と呼ぶ．制御系にこのようなむだ時間が存在すると，制御系の安定性を損なうことが多くしばしば問題となる．この問題については第 6 章で取り扱うことにする．

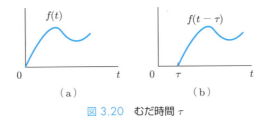

図 3.20　むだ時間 τ

■ 最終値の定理

$$\lim_{t \to \infty} f(t) = \lim_{s \to 0} sF(s) \tag{3.54}$$

この定理も，自動制御理論ではきわめて有用な定理である．たとえば，図 3.21 に示すように，ある制御系に入力として単位ステップ関数 $u(t)$ を加えるとき，その出力 $y(t)$ の定常状態（理論的には $t \to \infty$）での出力は $u(t)$ に一致することが望ましい．そこで，$\lim_{t \to \infty} y(t)$ の値を調べる必要があるが，そのためには時間領域上では

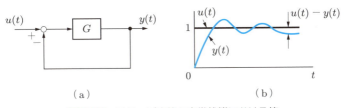

図 3.21　ステップ応答の定常状態における値

50 第3章 基礎数学

$$\lim_{t \to \infty} y(t) = \lim_{t \to \infty} \mathcal{L}^{-1}[Y(s)]$$

を求めることになる．しかし，$Y(s)$ のラプラス逆変換を行わなくても，s 領域のままで $\lim_{s \to 0} sY(s)$ を求めれば，$\lim_{t \to \infty} y(t)$ を求めたことと同じになる．

例題3.6 図3.12の直列 RL 回路において，$t = 0$ に直流電圧電源 E を加えたときの出力電流 $i(t)$ をラプラス変換を用いて求めよ．

解 直列 RL 回路を表す線形微分方程式は次式で与えられる．

$$E = L\frac{di(t)}{dt} + Ri(t)$$

この例は簡単な場合なので，線形微分方程式の解法により容易に求めることができる．しかし，与えられたシステムが高次の場合，一般には線形微分方程式の解を直接求めることは困難になる．そこで，ラプラス変換を適用すれば，微積分が簡単な加減乗除の代数計算に帰すので，解が容易に得られる．

そこで，上式をラプラス変換すると

$$\frac{E}{s} = LsI(s) + RI(s)$$

となる．ただし，$i(0) = 0$ とする．$I(s)$ を求めると次式を得る．

$$I(s) = \frac{E}{s(Ls + R)}$$

上式は s 領域表現なので，$i(t)$ を求めるにはラプラス逆変換する必要がある．そこで，表3.2のラプラス変換対表が適用できるように上式を変形する．

$$I(s) = \frac{E}{L} \cdot \frac{1}{s\left(s + \dfrac{R}{L}\right)}$$

表3.2の (8) を用いると

$$i(t) = \mathcal{L}^{-1}[I(s)] = \frac{E}{L} \cdot \frac{L}{R}(e^{-0t} - e^{-\frac{R}{L}t})$$

$$= \frac{E}{R}(1 - e^{-\frac{R}{L}t})$$

と求められる．この結果は当然のことながら，線形微分方程式の直接解や，たたみ込み積分による解法（式 (3.35)）の結果と一致する．

3.5.3 部分分数展開によるラプラス逆変換

これまでラプラス逆変換を求めるとき，表3.2のラプラス変換対表を利用すれば簡

単に得られることを示した．しかし，たとえば

$$F(s) = \frac{s}{(s+1)(s+2)}$$

のラプラス逆変換を求める場合，この関数は表 3.2 に記載されていないので，直接表 3.2 を利用して求めることはできない．

このような場合は，与えられた関数の部分分数展開を行い，展開された関数について表 3.2 を適用すればよい．上式は，次式で示されるような部分分数に展開される．

$$F(s) = \frac{s}{(s+1)(s+2)} = \frac{A}{s+1} + \frac{B}{s+2}$$

ここで，A, B はそれぞれ次のようにして求められる．

$$A = (s+1)F(s)|_{s=-1} = \left.\frac{s}{s+2}\right|_{s=-1} = -1$$

$$B = (s+2)F(s)|_{s=-2} = \left.\frac{s}{s+1}\right|_{s=-2} = 2$$

したがって，$F(s)$ のラプラス逆変換は

$$\mathcal{L}^{-1}[F(s)] = \mathcal{L}^{-1}\left[\frac{-1}{s+1}\right] + \mathcal{L}^{-1}\left[\frac{2}{s+2}\right]$$

のようにして得ることができる．

いま，$F(s)$ が一般に次のように与えられているものとする．

$$F(s) = \frac{B(s)}{(s+a)(s+b)\cdots(s+z)} \tag{3.55}$$

ここで，$a, b, \ldots, z$ はすべて相異なる値とし，$B(s)$ は分母に比べて次数が低い任意の s の有理多項式とする．上式を部分分数に展開すれば，

$$F(s) = \frac{A}{s+a} + \frac{B}{s+b} + \cdots + \frac{Z}{s+z} \tag{3.56}$$

を得る．各部分分数の分子は次のようにして得ることができる．

$$A = (s+a)F(s)|_{s=-a}$$
$$B = (s+b)F(s)|_{s=-b}$$
$$\vdots \tag{3.57}$$
$$Z = (s+z)F(s)|_{s=-z}$$

得られた部分分数についてそのラプラス逆変換を求めればよい．$A, B, \ldots, Z$ を，それぞれ $s = -a, -b, \ldots, -z$ における留数という．

以上は $F(s)$ が 1 位の極をもつ場合に限ったが，次に

$$F(s) = \frac{1}{s(s+1)^2}$$

のように 2 位の極をもつ s の関数の部分分数展開について述べる．上式は

$$F(s) = \frac{A}{s} + \frac{B_1}{s+1} + \frac{B_2}{(s+1)^2}$$

のように部分分数に展開できる．まず，A は

$$A = sF(s)|_{s=0} = \frac{1}{(s+1)^2}\bigg|_{s=0} = 1$$

と簡単に求められる．

次に，部分分数展開式の両辺に $(s+1)^2$ を掛けると

$$(s+1)^2 F(s) = \frac{A(s+1)^2}{s} + B_1(s+1) + B_2$$

となる．B_2 は次のように得られる．

$$B_2 = (s+1)^2 F(s)|_{s=-1} = -1$$

B_1 は，B_1 だけが残るように $(s+1)^2 F(s)$ の式においてその両辺を微分することにより求められる．すなわち，

$$\frac{d}{ds}[(s+1)^2 F(s)]|_{s=-1} = B_1$$

を得る．

一般に，高位（n 位）の極をもつ s の関数が

$$F(s) = \frac{s+b}{s(s+a)^n} \tag{3.58}$$

と与えられた場合，次のような部分分数に展開される．

$$F(s) = \frac{A}{s} + \frac{B_1}{(s+a)} + \frac{B_2}{(s+a)^2} + \cdots + \frac{B_k}{(s+a)^k} + \cdots + \frac{B_n}{(s+a)^n} \tag{3.59}$$

ここで，A は簡単に求められる．すなわち，

$$A = sF(s)|_{s=0} = \frac{s+b}{(s+a)^n}\bigg|_{s=0} = \frac{b}{a^n} \tag{3.60}$$

$B_1, B_2, \ldots, B_n$ を求めるために，式 (3.59) の両辺に $(s+a)^n$ を掛けると，

$$(s+a)^n F(s) = \frac{A(s+a)^n}{s} + B_1(s+a)^{n-1} + B_2(s+a)^{n-2}$$
$$+ \cdots + B_k(s+a)^{n-k} + \cdots + B_n \tag{3.61}$$

を得る．B_n は

$$B_n = (s+a)^n F(s)|_{s=-a} \tag{3.62}$$

と求められる．そのほかの項，一般に B_k は式 (3.61) において，B_k だけが残るように両辺を次々と微分していけば求めることができる．したがって，B_k は

$$B_k = \frac{1}{(n-k)!} \cdot \frac{d^{n-k}[(s+a)^n F(s)]}{ds^{n-k}}\bigg|_{s=-a} \tag{3.63}$$

と書ける．その結果，式 (3.58) で与えられる n 位の極をもつ関数も，部分分数に展開できることが明らかとなった．

例題 3.7 次のラプラス逆変換を求めよ．

$$F(s) = \frac{s+2}{s(s+1)^3}$$

解 $s = -1$ で 3 位の極をもつ関数 $F(s)$ は

$$F(s) = \frac{A}{s} + \frac{B_1}{s+1} + \frac{B_2}{(s+1)^2} + \frac{B_3}{(s+1)^3}$$

と書ける．A，B_1，B_2，B_3 はそれぞれ次のように求められる．

$$A = sF(s)|_{s=0} = \frac{s+2}{(s+1)^3}\bigg|_{s=0} = 2$$

$$B_3 = (s+1)^3 F(s)|_{s=-1} = \frac{s+2}{s}\bigg|_{s=-1} = -1$$

$$B_2 = \frac{d}{ds}\left[\frac{s+2}{s}\right]\bigg|_{s=-1} = \frac{-2}{s^2}\bigg|_{s=-1} = -2$$

$$B_1 = \frac{1}{2!} \cdot \frac{d^2}{ds^2}\left[\frac{s+2}{s}\right]\bigg|_{s=-1} = \frac{1}{2} \cdot \frac{4}{s^3}\bigg|_{s=-1} = -2$$

したがって，$F(s)$ のラプラス逆変換は

$$\mathcal{L}^{-1}[F(s)] = \mathcal{L}^{-1}\left[\frac{2}{s}\right] + \mathcal{L}^{-1}\left[\frac{-2}{s+1}\right] + \mathcal{L}^{-1}\left[\frac{-2}{(s+1)^2}\right] + \mathcal{L}^{-1}\left[\frac{-1}{(s+1)^3}\right]$$

を求めればよい．表 3.2 を用いることにより，

$$f(t) = 2 - 2e^{-t} - 2te^{-t} - \frac{t^2}{2}e^{-t}$$

を得る． ■

演習問題

3.1 次の演算を極座標形式で行え．

(1) $(5\angle 30°)(0.2\angle 75°)$ (2) $\dfrac{6\angle 120°}{10\angle -30°}$ (3) $(2+j2)(3+j5)$

3.2 図 3.22(a), (b) それぞれの機械系を微分方程式で表し，それと等価な電気回路を示せ．

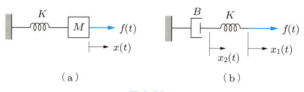

図 3.22

3.3 図 3.23 に示すダンパ・質量・ばね系に，ステップ状の外力 $f(t) = 2\,\mathrm{N}$ を加えたときの質量の速度と加速度を求めよ．

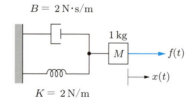

図 3.23

3.4 次の関数のラプラス逆変換を求めよ．

(1) $F(s) = \dfrac{10}{s(s+5)^2}$

(2) $F(s) = \dfrac{s+2}{s(s^2+2s+10)}$

3.5 直列 RLC 回路が図 3.24 に与えられている. 以下の問いに答えよ.
(1) 電気回路を流れる電流 $I(s)$ を求めよ.
(2) ラプラス逆変換を用いて $i(t)$ を求めよ.
(3) この電気回路と等価なダンパ・質量・ばね系を示せ.

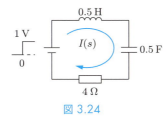

図 3.24

4 伝達関数

4.1 周波数伝達関数

4.1.1 正弦波の複素数表現

図 4.1 は，線形システムへの入力として

$$x(t) = A_i \sin(\omega t - \theta) \tag{4.1}$$

で表される一定振幅 A_i，角周波数 $\omega\,[\text{rad/s}]$ の正弦波と，その出力，すなわち応答との関係を示す．$\theta\,[\text{rad}]$ は位相角と呼ばれるもので，正弦波の一般的性質には関係なく，ただ原点の位置を規定するために必要なものである．システムが線形の場合，定常状態における出力には入力と同じ周波数の正弦波が現れる．このとき，出力の正弦波は次式で表現される．

$$y(t) = A_o \sin(\omega t - \theta + \phi) \tag{4.2}$$

ここで，$\phi\,[\text{rad}]$ は入力に対する出力の位相差を表し，ϕ の正負により次のようになる．

$\phi > 0$ ならば，出力が入力より進む．

$\phi < 0$ ならば，出力が入力より遅れる．

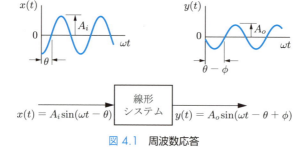

図 4.1　周波数応答

$\phi = 0$ ならば，出力と入力は同相にある．

さて，入力としての一定振幅 A_i の正弦波の角周波数 ω を変えてこれを線形システムに加えると，出力（応答）の正弦波振幅 A_o と位相差 ϕ は変わる．これを**周波数応答**という．図 4.2 は，入力の角周波数 ω を変え，そのときの入出力振幅比 A_o/A_i，および入出力の位相差 ϕ がどのようになるかを示した概形であり，**周波数特性**と呼ばれる．図 (a) は**ゲイン（利得）特性**，図 (b) は**位相特性**である．横軸は周波数 f [Hz] で表すこともある．具体的な周波数特性の描き方にはさまざまな方法があり，それについては 4.4 節で述べる．

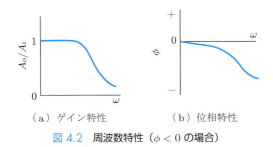

（a）ゲイン特性　　　　（b）位相特性

図 4.2　周波数特性（$\phi < 0$ の場合）

これまで入出力の正弦波は式 (4.1)，(4.2) で表したが，複素数による表現を考えてみよう．

まず，次の関係が成り立つことは，オイラーの公式 (3.6) より明らかである．

$$e^{j(\omega t - \theta)} = \cos(\omega t - \theta) + j\sin(\omega t - \theta)$$

したがって，$\sin(\omega t - \theta)$ は $e^{j(\omega t - \theta)}$ の虚部をとったものにほかならない．これを利用すれば，式 (4.1) は次のように書ける．

$$x(t) = A_i \operatorname{Im}\left[e^{j(\omega t - \theta)}\right] \tag{4.3}$$

今後は $e^{j(\omega t - \theta)}$ の虚部をとることに約束すれば，Im と [ ] を省いて

$$x(t) = A_i e^{j(\omega t - \theta)} \tag{4.4}$$

と表現してもよい．これは正弦波の複素数表現であり，$e^{j(\omega t - \theta)}$ の虚部だけをとることを暗に約束している．複素数の信号が物理的に存在することを意味しているのではなく，このように表現すると都合がよいということにすぎない．

4.1.2　周波数伝達関数と周波数応答

線形システムに任意の入力を加えたときの応答は，すでに式 (3.26) と式 (3.27) の

58 第 4 章 伝達関数

たたみ込み積分で与えられている．すなわち，

$$y(t) = \int_{-\infty}^{\infty} x(\tau)g(t-\tau)d\tau = \int_{-\infty}^{\infty} g(\tau)x(t-\tau)d\tau$$

となる．いま，入力信号を正弦波とすると

$$x(t-\tau) = A_i e^{j\{\omega(t-\tau)-\theta\}}$$

で与えられる．上式をたたみ込み積分に代入すれば，次式が得られる．

$$y(t) = A_i e^{j(\omega t-\theta)} \int_{-\infty}^{\infty} g(\tau)e^{-j\omega\tau}d\tau \tag{4.5}$$

ところで，式 (3.36) よりわかるように

$$\int_{-\infty}^{\infty} g(\tau)e^{-j\omega\tau}d\tau$$

は $g(\tau)$ のフーリエ変換を意味している．すなわち，

$$G(j\omega) = \int_{-\infty}^{\infty} g(\tau)e^{-j\omega\tau}d\tau \tag{4.6}$$

なので，式 (4.5) を書き換えると次式を得る．

$$y(t) = A_i e^{j(\omega t-\theta)}G(j\omega) \tag{4.7}$$

上式より $G(j\omega)$ は，正弦波入力 $A_i e^{j(\omega t-\theta)}$ と出力 $y(t)$ との関係を与える数学的表現であることが明らかである．この $G(j\omega)$ を周波数伝達関数という．なお，周波数伝達関数は，入力を正弦波に限った場合の線形システムの伝達特性を表現するものであり，任意の入力信号には適用できないことに注意する必要がある．

次に，周波数伝達関数と周波数応答の関係について述べよう．

いま，図 4.1 に示したように出力 $y(t)$ の振幅を A_o，入力に対する位相差を ϕ とすると，出力は次のように表せる．

$$y(t) = A_o e^{j(\omega t-\theta+\phi)}$$

上式を式 (4.7) に代入すると，

$$G(j\omega) = \frac{A_o}{A_i}e^{j\phi} \tag{4.8}$$

が得られる．上式より $G(j\omega)$ は角周波数 ω に対する，入出力振幅比 A_o/A_i と入出力

位相差 ϕ（以後単に位相 ϕ と呼ぶことにする）の変化を表すものであることが明らかである．これは周波数応答にほかならない．したがって，周波数伝達関数 $G(j\omega)$ は，物理的には周波数応答そのものを意味しているといえる．

この $G(j\omega)$ は複素数なので，次のように表現できる．

$$G(j\omega) = A(\omega) + jB(\omega) = |G(j\omega)|e^{j\phi(\omega)} = |G(j\omega)|\angle\phi(\omega) \tag{4.9}$$

$G(j\omega)$ の絶対値 $|G(j\omega)|$ はゲインを表し，$\phi(\omega)$ は位相を表す．

ただし，

$$|G(j\omega)| = \sqrt{A^2(\omega) + B^2(\omega)}$$

$$\phi(\omega) = \angle G(j\omega) = \tan^{-1}\frac{B(\omega)}{A(\omega)}$$

とする．

4.1.3 交流回路の複素計算法

電気回路理論においては通常，交流回路の入力および出力を複素数で表現し，複素計算法により周波数領域で扱うことがよく知られている．このような取り扱いは，電気回路に限ることなく線形システム一般に適用できるので有用である．

いま，電気回路における電圧と電流に例をとり，その複素計算法について述べるが，3.2.2 項で明らかにしたようにシステムの等価性に着目すれば，ほかのシステムの場合についても同じように論ずることができる．

図 3.4 の直列 RLC 回路については電源電圧を $v(t)$，回路に流れる電流を $i(t)$ とすれば式 (3.17) が得られた．すなわち

$$v(t) = L\frac{di(t)}{dt} + Ri(t) + \frac{1}{C}\int i(t)dt$$

となる．いま，正弦波電圧 $v(t)$ を入力，正弦波電流 $i(t)$ を出力として，周波数伝達関数を求めてみよう．そこで，正弦波電圧 $v(t)$

$$v(t) = V_m \sin(\omega t - \theta)$$

の代わりに複素電圧 V

$$V = V_m e^{j(\omega t - \theta)} \tag{4.10}$$

を用いることにする．さらに，正弦波電流 $i(t)$

60 第 4 章 伝達関数

$$i(t) = I_m \sin(\omega t - \theta + \phi)$$

の代わりに複素電流 I

$$I = I_m e^{j(\omega t - \theta + \phi)} \tag{4.11}$$

を用いることにしよう.

電圧，電流をそれぞれ式 (4.10)，(4.11) のように表現すると，その微分，積分は次のようになり，きわめて簡単となる.

$$\frac{dV}{dt} = j\omega V, \quad \frac{dI}{dt} = j\omega I \tag{4.12}$$

$$\int V dt = \frac{V}{j\omega}, \quad \int I dt = \frac{I}{j\omega} \tag{4.13}$$

その結果，式 (3.17) において，d/dt なる微分記号の代わりに $j\omega$ を代入し，さらに $\int dt$ なる積分記号の代わりに $1/j\omega$ を代入して，周波数領域の取り扱いをすれば代数計算により解くことが可能となる．すなわち，時間領域で記述された式 (3.17) は，次のような複素数の代数方程式となる.

$$V = \left(j\omega L + R + \frac{1}{j\omega C} \right) I \tag{4.14}$$

したがって，周波数伝達関数 $G(j\omega)$ は

$$G(j\omega) = \frac{I}{V} = \frac{I_m}{V_m} e^{j\phi} = \frac{1}{R + j \left(\omega L - \dfrac{1}{\omega C} \right)} \tag{4.15}$$

と求められる.

すでに述べたように，$G(j\omega)$ は周波数応答を意味しており，その絶対値 $|G(j\omega)|$ は周波数伝達関数のゲインと呼ばれる.

$$|G(j\omega)| = \frac{I_m}{V_m} \frac{1}{\sqrt{R^2 + \left(\omega L - \dfrac{1}{\omega C} \right)^2}} \tag{4.16}$$

$G(j\omega)$ の位相 $\phi(\omega)$ は次のように求められる.

$$\phi(\omega) = \phi = -\tan^{-1} \frac{\omega L - \dfrac{1}{\omega C}}{R} \tag{4.17}$$

上式は入出力の位相差を表し

$$\omega L > \frac{1}{\omega C}, \quad \text{すなわち} \quad \omega > \frac{1}{\sqrt{LC}}$$

となる角周波数においては出力の位相が入力に比べて遅れ，

$$\omega L < \frac{1}{\omega C}, \quad \text{すなわち} \quad \omega < \frac{1}{\sqrt{LC}}$$

となる角周波数においては，逆に出力の位相が入力に比べて進むことを示している．

式 (4.16), (4.17) について，ω を変化させ対応する $|G(j\omega)|$ と $\phi(\omega)$ の値を描けば，それぞれゲイン特性と位相特性が得られる．

> **例題 4.1** 図 4.3 の直列 RL 回路に，入力として正弦波電圧 $v_s(t)$ を加えるとき回路を流れる電流を $i(t)$ とする．下記の問いに答えよ．
> (1) 入力を複素電圧 V_s，出力を複素電流 I として，周波数伝達関数 $G(j\omega)$ を求めよ．
> (2) 周波数特性の概形を描け．
>
>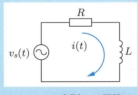
>
> 図 4.3 直列 RL 回路

解 (1) 直列 RL 回路においては次の微分方程式が成り立つ．

$$v_s(t) = L\frac{di(t)}{dt} + Ri(t)$$

この電圧 $v_s(t)$，電流 $i(t)$ の代わりに，式 (4.10), (4.11) のように複素数表示した電圧 V_s，電流 I を用いる．さらに，式 (4.12) を適用すれば，上記の微分方程式は次のような代数方程式となる．

$$V_s = (j\omega L + R)I$$

周波数伝達関数 $G(j\omega)$ は

$$G(j\omega) = \frac{I}{V_s} = \frac{1}{R + j\omega L}$$

と求められる．

(2) 周波数特性のゲインは $|G(j\omega)|$ で与えられる. すなわち

$$|G(j\omega)| = \frac{1}{\sqrt{R^2 + \omega^2 L^2}} = \frac{1}{R} \cdot \frac{1}{\sqrt{1 + \omega^2 \left(\dfrac{L}{R}\right)^2}}$$

となる. 他方, 位相は

$$G(j\omega) = \frac{1}{R + j\omega L} \cdot \frac{R - j\omega L}{R - j\omega L} = \frac{R - j\omega L}{R^2 + \omega^2 L^2}$$

なので,

$$\phi(\omega) = \tan^{-1} \frac{\mathrm{Im}\,[G(j\omega)]}{\mathrm{Re}\,[G(j\omega)]} = -\tan^{-1} \frac{\omega L}{R}$$

と求められる. 角周波数 ω を横軸として $|G(j\omega)|$ と $\phi(\omega)$ の概形を描けば, 図 4.4 のようになる.

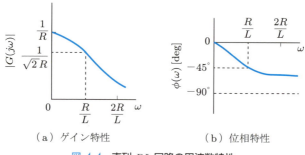

(a) ゲイン特性　　　　(b) 位相特性

図 4.4　直列 RL 回路の周波数特性

4.2 伝達関数

4.2.1 伝達関数の導出

前節では, 線形システムの数学的記述として周波数伝達関数が有用であることを述べた. しかし, 周波数伝達関数は正弦波信号の伝達特性を表すものであり, 任意の信号の伝達特性を記述するには, 3.5 節で述べた s 領域での取り扱いが必要である.

いま, 線形システムへ任意の入力 $x(t)$ を加えるものとする. 任意の時間関数を周波数領域で扱うためには, ラプラス変換が有用である. そこで, $x(t)$ と $y(t)$ のラプラス変換を行う. すなわち,

$$X(s) = \mathcal{L}[x(t)]$$
$$Y(s) = \mathcal{L}[y(t)]$$

4.2 伝達関数

となる．式 (3.51) より s 領域での入出力関係は

$$Y(s) = G(s)X(s)$$

と与えられている．s 領域での入出力の比をとれば次のように示される．

$$G(s) = \frac{\mathcal{L}[y(t)]}{\mathcal{L}[x(t)]} = \frac{Y(s)}{X(s)} \tag{4.18}$$

ただし，初期条件はすべて 0 とする．この $G(s)$ は伝達関数と呼ばれる（図 4.5）．

図 4.5　伝達関数

　伝達関数が定義されたところで，一般に n 次の線形微分方程式で記述される線形システムの伝達関数を求めてみよう．微分方程式は次のように与えられるとする．

$$a_0 \frac{d^n y(t)}{dt^n} + a_1 \frac{d^{n-1} y(t)}{dt^{n-1}} + \cdots + a_{n-1} \frac{dy(t)}{dt} + a_n y(t)$$
$$= b_0 \frac{d^m x(t)}{dt^m} + b_1 \frac{d^{m-1} x(t)}{dt^{m-1}} + \cdots + b_{m-1} \frac{dx(t)}{dt} + b_m x(t) \tag{4.19}$$

上式のラプラス変換を行う際は微分についての定理，式 (3.48) を利用することになるが，初期条件はすべて 0 としているので，単純に

$$\frac{d}{dt} = s, \quad \frac{d^2}{dt^2} = s^2, \quad \ldots \quad, \frac{d^n}{dt^n} = s^n$$

などとおけばよい．その結果，式 (4.19) のラプラス変換は

$$(a_0 s^n + a_1 s^{n-1} + \cdots + a_{n-1} s + a_n) Y(s)$$
$$= (b_0 s^m + b_1 s^{m-1} + \cdots + b_{m-1} s + b_m) X(s) \tag{4.20}$$

となる．上式より伝達関数は

$$G(s) = \frac{Y(s)}{X(s)} = \frac{b_0 s^m + b_1 x^{m-1} + \cdots + b_{m-1} s + b_m}{a_0 s^n + a_1 s^{n-1} + \cdots + a_{n-1} s + a_n} \tag{4.21}$$

と求められる．分母の次数が n であることから n 次の伝達関数と呼ばれる．

　ところで，入力 $x(t)$ が単位インパルス $\delta(t)$ とすれば，そのラプラス変換は

64 第 4 章　伝達関数

$$\mathcal{L}[\delta(t)] = 1, \quad \text{すなわち} \quad X(s) = 1$$

であるから

$$Y(s) = G(s)X(s) = G(s)$$

となる．単位インパルスを線形システムに加えたときの応答 $y(t)$ は，インパルス応答 $g(t)$ である．したがって，上式の $G(s)$ はインパルス応答 $g(t)$ をラプラス変換したものにほかならないことがわかる．すなわち

$$G(s) = \mathcal{L}[g(t)] \tag{4.22}$$

である．

逆に，インパルス応答は

$$g(t) = \mathcal{L}^{-1}[G(s)] \tag{4.23}$$

と求められる．これは，伝達関数 $G(s)$ をラプラス逆変換すれば，インパルス応答 $g(t)$ が得られることを示している．

例題 4.2　　図 4.3 の直列 RL 回路について，入力を $V_s(s)$，出力を $I(s)$ とする伝達関数を求めよ．

解　この直列 RL 回路を記述する線形微分方程式は

$$v_s(t) = L\frac{di(t)}{dt} + Ri(t)$$

である．上式の両辺をラプラス変換すれば

$$V_s(s) = LsI(s) + RI(s)$$

となる．したがって，伝達関数は次のように求められる．

$$G(s) = \frac{I(s)}{V_s(s)} = \frac{1}{Ls + R}$$　　　　　　■

例題 4.3　　図 4.6 のばね・ダンパ系について，入力を $F(s)$，出力を $X(s)$ とする伝達関数を求めよ．また，積分要素と比例要素からなるブロック線図を描け．

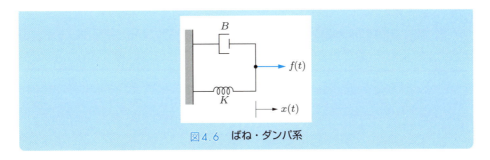

図 4.6　ばね・ダンパ系

解　このばね・ダンパ系は

$$f(t) = Kx(t) + B\frac{dx(t)}{dt}$$

で記述される．両辺をラプラス変換すると

$$F(s) = KX(s) + BsX(s)$$

を得る．したがって，伝達関数は次式で与えられる．

$$G(s) = \frac{X(s)}{F(s)} = \frac{1}{Bs + K}$$

図 4.7(a) のように積分要素は表されるので，ラプラス変換された式について，$sX(s)$ に着目して変形すると次のようになる．

$$sX(s) = \frac{1}{B}F(s) - \frac{K}{B}X(s)$$

上式を基にしてブロック線図を描けば，図 (b) のようになる．この場合は簡単な例であるが，一般にブロック線図を描くことにより各要素の互いの関係が直観的に把握しやすくなる．

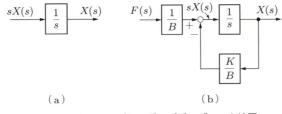

図 4.7　図 4.6 のばね・ダンパ系のブロック線図

4.2.2　伝達関数とブロック線図

システムや要素の伝達特性を表現するのに伝達関数 $G(s)$ を使えば，任意の入出力波形を扱うのに都合がよいことがわかった．そこで，これからはブロック線図を描く

際も $G(s)$ を使うことにしよう．

いま，図 4.8(a) に示すような伝達関数 $G(s)$ と $H(s)$ からなるフィードバック制御系について考える．図で閉ループのどこかを開状態にしたとすれば，経路に沿った伝達関数は

$$G(s)H(s)$$

となる．$G(s)H(s)$ を開ループ伝達関数という．

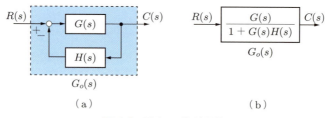

図 4.8　閉ループ伝達関数

一方，図 (a) において閉ループを有する青い囲みの部分を新たに一つの伝達関数とみなし，これを閉ループ伝達関数 $G_o(s)$ と呼ぶ．表 2.1 (3) の簡単化を適用すれば，$G_o(s)$ は

$$G_o(s) = \frac{C(s)}{R(s)} = \frac{G(s)}{1+G(s)H(s)}$$

と与えられる（図 (b)）．

ある制御系の伝達関数は，与えられた微分方程式をラプラス変換して数学的に処理すれば得られる．しかし，物理的意味をよく理解するためには，システムの各部を一つのブロックとしてブロック線図を描き，その後ブロック線図の簡単化により閉ループ伝達関数を求めるのも有用である．以下，DC（直流）サーボモータを例にとり説明しよう．

DC サーボモータは，ロボット制御用のアクチュエータとしてよく使われる．図 4.9 は，モータの回転部に注目してその概形を描いたものである．この種のモータは一定界磁にしておき，電機子電圧を変えてモータ速度を制御するもので，電機子制御モータと呼ばれる．図 4.10 は，モータと負荷について等価な電気回路モデルで表している．ただし，$v_a(t), i_a(t)$：電機子電圧と電流，R_a, L_a：電機子回路の抵抗とインダクタンス，$v_b(t)$：モータの逆起電力，B：制動係数，J：慣性モーメント，$T(t)$：モータのトルク，$\theta(t)$：シャフト回転角とする．

電機子電圧 $V_a(s)$ を入力とし，シャフト回転角 $\Theta(s)$ を出力とするブロック線図を

4.2 伝達関数

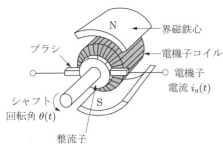

図 4.9　DC サーボモータの概形

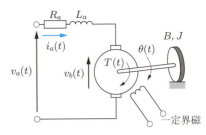

図 4.10　DC サーボモータの電気回路モデル

描き，その伝達関数 $G(s)$ を求めることにする．

まず，図 4.10 の電機子回路において次式が成り立つ．

$$v_a(t) = L_a \frac{di_a(t)}{dt} + R_a i_a(t) + v_b(t)$$

モータの逆起電力 $v_b(t)$ はモータの回転速度 $\omega(t) = \dfrac{d\theta(t)}{dt}$ に比例するので，

$$v_b(t) = K_b \omega(t)$$

と書ける．モータのトルクは電機子電流に比例するので次式が得られる．

$$T(t) = K_T i_a(t)$$

また，トルクと負荷には次の関係がある．

$$T(t) = J\frac{d\omega(t)}{dt} + B\omega(t)$$

以上の式をラプラス変換するとそれぞれ次のようになる．

$$V_a(s) = L_a s I_a(s) + R_a I_a(s) + V_b(s) \tag{4.24}$$

$$V_b(s) = K_b \Omega(s) \tag{4.25}$$

$$T(s) = K_T I_a(s) \tag{4.26}$$

$$T(s) = Js\Omega(s) + B\Omega(s) \tag{4.27}$$

さて，式 (4.24)〜(4.27) を用いてブロック線図を描くことになるが，その際，電機子と負荷の二つに大別して考えることにする．

電機子については電機子電圧を入力，トルクを出力とすると，式 (4.24) と式 (4.26) により次の関係がある．

$$V_a(s) - V_b(s) = V_e(s) = \frac{L_a s + R_a}{K_T} T(s) \tag{4.28}$$

上式から伝達関数

$$G_1(s) = \frac{T(s)}{V_e(s)} = \frac{K_T}{L_a s + R_a} \tag{4.29}$$

を得る．

次に，負荷についてはトルクを入力，回転速度を出力とすると，式 (4.27) により

$$G_2(s) = \frac{\Omega(s)}{T(s)} = \frac{1}{Js + B} \tag{4.30}$$

となる．

式 (4.28)～(4.30)，さらに式 (4.25)，$\Omega(s) = s\Theta(s)$ などの関係を基にして，$V_a(s)$ を入力，$\Theta(s)$ を出力とする全体のブロック線図を描けば，図 4.11(a) のようになる．このブロック線図をみると，電機子制御 DC サーボモータ各部の互いの関係がよく理解できる．

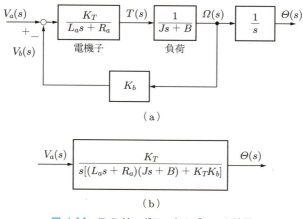

図 4.11　DC サーボモータのブロック線図

このブロック線図の簡単化を行うことにより，DC モータの伝達関数の図 (b) が求められる．

$$G(s) = \frac{\Theta(s)}{V_a(s)} = \frac{K_T}{s[(L_a s + R_a)(Js + B) + K_T K_b]} \tag{4.31}$$

上式は 3 次の伝達関数であるが，多くの DC モータでは電機子時定数 L_a/R_a は小さく L_a を無視できるので，次のように 2 次の伝達関数で表されることもある．

$$G(s) = \frac{\Theta(s)}{V_a(s)} = \frac{K_T}{s[R_a(Js+B)+K_TK_b]} \tag{4.32}$$

4.3 伝達関数と周波数伝達関数

4.1 節では，周波数伝達関数 $G(j\omega)$ は正弦波信号の伝達特性を示すものであり，任意の信号の伝達特性を示すものではないことを述べた．これに対して，伝達関数 $G(s)$ は任意の信号の伝達特性を表現できる．そこで，ここでは伝達関数と周波数伝達関数の関係を明らかにしよう．

伝達関数 $G(s)$ は複素変数 s の関数であり，s は定義により

$$s = \sigma + j\omega$$

と与えられる．図 4.12 で表される平面を s 平面という．いま，特別な場合として s が s 平面の虚軸上で定義されているとする．すなわち，

$$s = j\omega$$

とすると，伝達関数 $G(s)$ は

$$[G(s)]_{s=j\omega} = \int_0^\infty g(t)e^{-j\omega t}dt \tag{4.33}$$

となる．上式右辺は，すでに式 (3.36) で与えられたフーリエ変換と同様であることは明らかである．したがって，フーリエ変換は s 平面上虚軸で定義したラプラス変換であるといえる．すなわち，

$$[G(s)]_{s=j\omega} = G(j\omega) \tag{4.34}$$

となる．$G(s)$ は任意の信号の伝達特性を示すが，正弦波を信号とする周波数応答を求めるには，得られた $G(s)$ の s を $j\omega$ で置き換えればよいことがわかる．

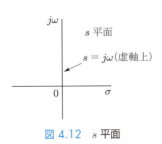

図 4.12 s 平面

70　第 4 章　伝達関数

> **例題 4.4**　　伝達関数が次のように与えられる制御系がある．それぞれについてその周波数応答を求めよ．
>
> (1)　$G(s) = \dfrac{K}{(s+a)(s+b)}$　　　　(2)　$G(s) = \dfrac{100(s+3)}{(s+1)(s+20)}$

解 (1)　$[G(s)]_{s=j\omega} = G(j\omega) = \dfrac{K}{(j\omega+a)(j\omega+b)} = \dfrac{K}{(ab-\omega^2)+j\omega(a+b)}$

$|G(j\omega)| = \dfrac{K}{\sqrt{(ab-\omega^2)^2 + \omega^2(a+b)^2}}$

$\phi(\omega) = -\tan^{-1}\dfrac{\omega(a+b)}{ab-\omega^2}$

(2)　$[G(s)]_{s=j\omega} = G(j\omega) = \dfrac{100(3+j\omega)}{(1+j\omega)(20+j\omega)}$

$|G(j\omega)| = 100\sqrt{\dfrac{9+\omega^2}{(20-\omega^2)^2 + 441\omega^2}}$

$\phi(\omega) = \tan^{-1}\dfrac{\omega}{3} - \tan^{-1}\omega - \tan^{-1}\dfrac{\omega}{20}$

4.4　周波数応答の表示

　周波数伝達関数 $G(j\omega)$ の絶対値が周波数応答のゲインを，その偏角が位相を与えることはすでに述べた．制御系の性能評価や設計に際して，$G(j\omega)$ を図面上に描くと直観的であり大局的に把握しやすい，$G(j\omega)$ を表示する代表的な方法として，ナイキスト（Nyquist）線図（ベクトル軌跡），ボード（Bode）線図，およびニコルス（Nichols）線図について述べる．

4.4.1　ナイキスト線図

　図 4.13 に示すように，$G(j\omega)$ の実部を横軸，虚部を縦軸にとって直角座標上のベクトルで表す．角周波数 ω を 0 から ∞ まで変化させると，このベクトルの先端は連続した軌跡を描く．これをベクトル軌跡という．ベクトル軌跡は回路理論でもよく使われるが，ω を変化させたとき回路あるいはシステムのふるまいが直観的に把握できる点がすぐれている．フィードバック制御系の安定性を論ずるときベクトル軌跡の概形がよく使われ，ナイキストの安定判別法として有名である．このような点からナイキスト線図と呼ばれる．

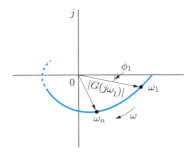

図 4.13 $G(j\omega)$ のベクトル軌跡

4.4.2 ボード線図

すでに，図 4.2 では角周波数 ω の変化に対する $G(j\omega)$ の値を，ゲインと位相に分けて表現する方法を示した．しかし，ω の変化範囲を広くとるとゲイン $|G(j\omega)|$ も大幅に変化するので，対数をとるほうが図示するのに便利である．そこで，$G(j\omega)$ の絶対値の常用対数をとり，それを 20 倍したものをゲイン g_{dB} と呼ぶことにする．すなわち，

$$g_{\mathrm{dB}} = 20 \log |G(j\omega)| \tag{4.35}$$

と表され，単位はデシベル [dB] である．また，ω に対する位相 $\phi(\omega)$ は，ラジアン [rad] あるいは度 [deg] で表すことにする．

図 4.14 に示すように，角周波数 ω を横軸とし，g_{dB} および $\phi(\omega)$ を縦軸として描いたものを**ボード線図**と呼ぶ．横軸は普通，対数目盛を使う．

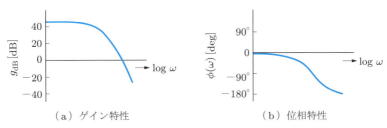

（a）ゲイン特性 （b）位相特性

図 4.14 ボード線図

ボード線図では，$G(j\omega)$ が

$$G(j\omega) = G_1(j\omega) G_2(j\omega) \tag{4.36}$$

のように個々の伝達関数 $G_1(j\omega)$ と $G_2(j\omega)$ の積で表される場合，ゲイン g_{dB} と位相 $\phi(\omega)$ が個々の特性の代数和で表せるので，高次のシステムの伝達関数表現に適する．

すなわち，$G_1(j\omega)$, $G_2(j\omega)$ が

$$G_1(j\omega) = |G_1(j\omega)|\angle\phi_1(\omega) \tag{4.37a}$$

$$G_2(j\omega) = |G_2(j\omega)|\angle\phi_2(\omega) \tag{4.37b}$$

とすると，$G(j\omega)$ は

$$G(j\omega) = |G_1(j\omega)||G_2(j\omega)|\angle(\phi_1(\omega)+\phi_2(\omega))$$

で表せる．このとき，ボード線図では

$$g_{\mathrm{dB}} = 20\log|G(j\omega)| = 20\log|G_1(j\omega)| + 20\log|G_2(j\omega)| = g_1 + g_2 \tag{4.38a}$$

$$\phi(\omega) = \phi_1(\omega) + \phi_2(\omega) \tag{4.38b}$$

となるので，ボード線図上で単に個々の特性を加え合わせればよい（図 4.15）．

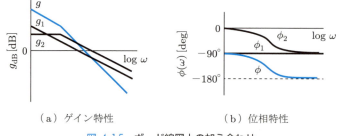

(a) ゲイン特性　　　　　　　(b) 位相特性

図 4.15　ボード線図上の加え合わせ

ボード線図は，電気回路の実験などでも周波数応答表現としてしばしば使われる．

4.4.3　ゲイン位相線図とニコルス線図

ボード線図は，ω の常用対数をとった値 $\log\omega$ に対して，ゲイン特性と位相特性をプロットした二組の線図であった．これを一つにまとめて，縦軸にゲイン，横軸に位相をとり ω をパラメータとすると，ゲイン位相線図が得られる（図 4.16）．ボード線図と同じようにゲインは単位として dB をとるので，周波数伝達関数 $G(j\omega)$ の**ゲイン定数** K の変化は，$G(j\omega)$ のゲイン位相線図をそのままの形で上下に移動するだけでよい．なお，ゲイン位相線図上に閉ループ伝達関数のゲイン M と位相 N が一定の軌跡をあらかじめ描いてある図を，**ニコルス線図**という．ニコルス線図は，制御系の性能評価，設計に有用なものであり，これについては使い方も含め，7.2 節で後述することにする．

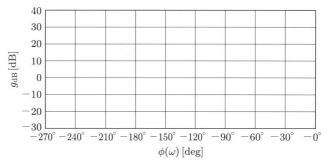

図 4.16　ゲイン位相線図

演習問題

4.1　柔軟性を備えたロボットハンドが重い負荷 m をもつとき，このシステムは図 4.17 のような 2 質量モデルで表される．伝達関数 $X_2(s)/F(s)$ を求めよ．

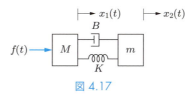

図 4.17

4.2　図 4.18 に示す演算増幅回路について，その伝達関数 $V_o(s)/V_i(s)$ を求め，ゲイン特性の概形を描け．

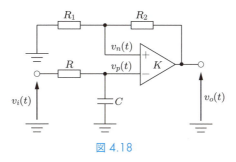

図 4.18

4.3　図 4.19 の電気回路の伝達関数 $V_o(s)/V_i(s)$ を求めよ．また，$V_i(s)$ を入力，$V_o(s)$ を出力とし，積分要素と比例要素からなるブロック線図を示せ．

4.4　図 4.20(a) の流体系において次式が成り立つものとする．

$$q_i(t) - q_o(t) = A\frac{dh(t)}{dt}$$

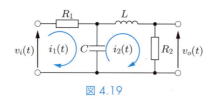

図 4.19

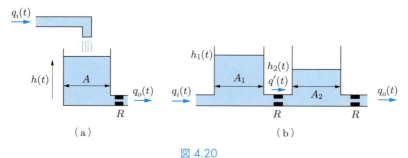

(a) (b)

図 4.20

$$q_o(t) = \frac{\rho}{R}h(t)$$

ただし，$q_i(t)$ ：流入量 $[\mathrm{m}^3/\mathrm{s}]$

$q_o(t)$ ：流出量 $[\mathrm{m}^3/\mathrm{s}]$

$h(t)$ ：液位 $[\mathrm{m}]$

A ：液面積 $[\mathrm{m}^2]$

R ：流動抵抗 $[\mathrm{s}/\mathrm{m}^2]$

ρ ：密度

以下の問いに答えよ．

(1) 図 (a) の流体系の伝達関数 $Q_o(s)/Q_i(s)$ を求めよ．また，$Q_i(s)$ を入力，$Q_o(s)$ を出力とし，積分要素と比例要素からなるブロック線図を示せ．

(2) 図 (b) の流体系の伝達関数 $Q_o(s)/Q_i(s)$ を求めよ．また，二つの液槽の縦続結合に対応するブロック線図を示せ．

4.5 図 4.21(a) に示すような熱系において次の関係が成立するものとする．

$$q_i(t) - q(t) = C\frac{d\theta(t)}{dt}$$
$$q(t) = \frac{1}{R}\theta(t)$$

ただし，$q_i(t)$ ：印加熱流量 $[\mathrm{J}/\mathrm{s}]$

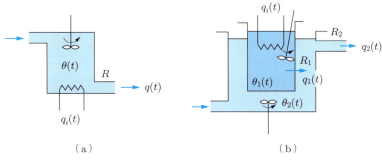

（a） （b）

図 4.21

$q(t)$ ：流出熱流量 [J/s]
$\theta(t)$ ：温度 [K]
C ：熱容量 [J/K]
R ：流出熱抵抗 [K·s/J]

以下の問いに答えよ．

(1) 図 (a) の熱系の伝達関数 $\Theta(s)/Q_i(s)$ を求めよ．また，$Q_i(s)$ を入力，$\Theta(s)$ を出力とし，積分要素と比例要素からなるブロック線図を示せ．

(2) 図 (b) の熱系の伝達関数 $\Theta_2(s)/Q_i(s)$ を求めよ．また，そのブロック線図を示せ．ただし，次の記号を使うものとする．

$q_1(t)$ ：タンク 1 からタンク 2 への流出熱流量

$q_2(t)$ ：タンク 2 からの流出熱流量

C_1, C_2 ：タンク 1，タンク 2 の熱容量

R_1 ：タンク 1 とタンク 2 との間の熱抵抗

R_2 ：タンク 2 の流出熱抵抗

基本伝達関数の特性

5.1 基本伝達関数

一般に，n 次のシステムの伝達関数は式 (4.21) で示されるように，s の多項式の比として次のように与えられる．

$$G(s) = \frac{b_0 s^m + b_1 s^{m-1} + \cdots + b_{m-1} s + b_m}{a_0 s^n + a_1 s^{n-1} + \cdots + a_{n-1} s + a_n} \tag{5.1}$$

ただし，$a_0, a_1, \ldots, b_0, b_1, \ldots$ は定係数である．$m > n$ の場合，伝達関数 $G(s)$ を実現するには物理的に微分器を必要とする．微分器はノイズを増幅するという重大な欠点をもっているので，物理的に実現可能ではない．そこで，実現可能なシステムにおいては m が n を超えることがない，すなわち

$$n \geq m$$

である．ここで，

$$b_0 s^m + b_1 s^{m-1} + \cdots + b_{n-1} s + b_m = 0 \tag{5.2}$$

および

$$a_0 s^n + a_1 s^{n-1} + \cdots + a_{n-1} s + a_n = 0 \tag{5.3}$$

の根は，実数と共役複素対からなることがわかっている．なお，式 (5.2) の根を $G(s)$ の零点，式 (5.3) の根を $G(s)$ の極と呼ぶ．

そこで，式 (5.1) の $G(s)$ は次の形に書き換えることができる．

$$G(s) = \frac{K \prod_{l=1}(s + \sigma_l) \prod_{k=1}[s + (\beta_k + j\omega_k)][s + (\beta_k - j\omega_k)]}{\prod_{i=1}(s + \rho_i) \prod_{j=1}[s + (\alpha_j + j\omega_j)][s + (\alpha_j - j\omega_j)]} \tag{5.4}$$

ここに，$\prod$ は $i = 1, 2, \ldots$ について掛け合わせることを表す．たとえば，

$$\prod_{i=1}^{3}(s + \rho_i) = (s + \rho_1)(s + \rho_2)(s + \rho_3)$$

となる．j, k, l についても同様である．

式 (5.4) より，n 次の伝達関数は，ゲイン定数 K，s の 1 次式や 2 次式などからなることがわかる．そこで，これらの要素の伝達関数を基本伝達関数と呼ぶことにし，その特性を知っていれば高次のシステムの場合の取り扱いも容易となる．その点から，まず基本伝達関数に習熟しておくことが重要である．

ところで，電気回路は機械系，流体系などさまざまなシステムに対する等価な表現である．したがって，電気回路を一つの例として考えても，そこで得られる結果はそのほかのシステムに適用できることは明らかであり，一般性を失わない．ここでは，便宜上基本要素として電気回路を例にとり説明することにする．

5.2 比例要素

例題 1.1 では，ポテンショメータ（図 1.6）のブロック線図（図 1.7）を示した．ポテンショメータにおいては，1 回転 2π [rad] を最大角度とすれば，入力回転角 $\theta(t)$ と出力電圧 $e(t)$ の関係は次のように与えられる．

$$e(t) = \frac{V_0}{2\pi}\theta(t)$$

伝達関数は次式のように求められ，s を含まないことがわかる．

$$G(s) = \frac{E(s)}{\Theta(s)} = \frac{V_0}{2\pi}$$

そこで，一般には $V_0/2\pi$ の代わりにゲイン定数 K をおき，

$$G(s) = K \tag{5.5}$$

と書く．このような要素を比例要素と呼ぶ．

比例要素のゲイン定数 K は角周波数に関係なく一定であり，位相もつねに $\phi(\omega) = 0°$ である．ゲイン K は直流ゲインとも呼ばれる．比例要素の例としては，理想演算増幅器やポテンショメータなどが挙げられる．

5.3 微分および積分要素

5.3.1 伝達関数

式 (5.4) において，少なくとも一つの σ_l が 0 とすれば $G(s)$ は微分要素 s を基本要

素としてもつことになる．なお，$n \geq m$ としているので，s の次数を分子と分母について比べると，分母の次数のほうが高い．したがって，$G(s)$ として実際に微分動作を行うことを意味しているのではない．

図 5.1 の直列 RC 回路において，入力電圧 $v_i(t)$，および出力電圧 $v_o(t)$ はそれぞれ次のように与えられる．

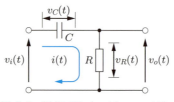

図 5.1　微分回路（$v_R(t) \ll v_C(t)$）

$$v_i(t) = \frac{1}{C} \int i(t)dt + Ri(t) \tag{5.6a}$$

$$v_o(t) = Ri(t) \tag{5.6b}$$

いま，抵抗両端の電圧 $v_R(t)$ がコンデンサ両端の電圧 $v_C(t)$ に比べてきわめて小さいものとする．すなわち，

$$v_R(t) \ll v_C(t) \tag{5.7}$$

とすると，

$$v_i(t) \simeq v_C(t)$$

が得られる．その結果，式 (5.6) は次のようになる．

$$v_i(t) = v_C(t) + v_R(t) \simeq v_C(t) \tag{5.8a}$$

$$v_o(t) = v_R(t) = Ri(t) = RC\frac{dv_C(t)}{dt} \simeq RC\frac{dv_i(t)}{dt} \tag{5.8b}$$

式 (5.8b) は，出力電圧 $v_o(t)$ が近似的に入力電圧 $v_i(t)$ の微分に比例することを示している．

式 (5.8b) の近似を等号と考え両辺をラプラス変換し，s 領域における入出力比をとれば，次の伝達関数が求まる．

$$G(s) = \frac{V_o(s)}{V_i(s)} = RCs = Ks \tag{5.9}$$

5.3 微分および積分要素

微分要素の伝達関数の一般形は，入力を $X(s)$, 出力を $Y(s)$ とし，ゲイン定数 $K = 1$ とおけば，

$$G(s) = \frac{Y(s)}{X(s)} = s \tag{5.10}$$

と書ける．

次に，図 5.2 のような直列 RC 回路について考えてみよう．このとき次式が成り立つ．

$$v_i(t) = Ri(t) + \frac{1}{C}\int i(t)dt \tag{5.11a}$$

$$v_o(t) = \frac{1}{C}\int i(t)dt \tag{5.11b}$$

式 (5.7) の場合とは逆の関係

$$v_R(t) \gg v_C(t) \tag{5.12}$$

が成り立つとすると，

$$v_i(t) \simeq v_R(t)$$

が得られる．その結果，式 (5.11) は次のようになる．

$$v_i(t) \simeq v_R(t) = Ri(t) \tag{5.13a}$$

$$v_o(t) = \frac{1}{C}\int i(t)dt \simeq \frac{1}{RC}\int v_i(t)dt \tag{5.13b}$$

式 (5.13b) をみれば，出力電圧 $v_o(t)$ が近似的に入力電圧 $v_i(t)$ の積分に比例していることがわかる．

図の伝達関数は，式 (5.13b) の両辺をラプラス変換し，$1/RC$ の代わりにゲイン定数 K をおき s 領域における入出力比をとると，次のように求まる．

$$G(s) = \frac{V_o(s)}{V_i(s)} = \frac{1}{RCs} = \frac{K}{s} \tag{5.14}$$

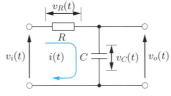

図 5.2 積分回路 ($v_R(t) \gg v_C(t)$)

80 第 5 章　基本伝達関数の特性

通常，積分要素の伝達関数の一般形は $K = 1$ として

$$G(s) = \frac{Y(s)}{X(s)} = \frac{1}{s} \tag{5.15}$$

と表される．

ここでは，直列 RC 回路を例に挙げ近似的な微分回路と積分回路を示した．一方，第 3 章の図 3.3 のインダクタンス素子について，s 領域の入出力比 $V(s)/I(s)$ をとれば

$$\frac{V(s)}{I(s)} = Ls$$

となり，キャパシタンス素子については

$$\frac{V(s)}{I(s)} = \frac{1}{Cs}$$

となる．これをみれば理想的な微分素子，積分素子があると思われるかもしれない．しかし，現実のインダクタンス素子，キャパシタンス素子には必ず損失があり，等価的に抵抗素子を含むことになる．したがって，いずれにせよ理想的な微分素子，積分素子は存在せず，現実に存在するのは近似的回路である．

5.3.2　時間応答と周波数応答 • • • • • • • • • • • • • • • • •

(1) 時間応答

微分要素，積分要素についてそのステップ応答を調べてみよう．時間領域での入出力関係は，式 (5.8b)，(5.13b) をみればすぐわかることではあるが，ここでは s 領域としての伝達関数の一般形だけがわかっているとする．

まず，s 領域でのステップ応答 $Y(s)$ は，単位ステップ入力 $u(t)$ のラプラス変換を $U(s)$ とすれば，

$$Y(s) = G(s)U(s) = G(s) \cdot \frac{1}{s}$$

と与えられる．

微分要素の伝達関数の一般形は $G(s) = s$ なので，$Y(s) = 1$ となる．したがって，時間領域のステップ応答 $y(t)$ は表 3.2 のラプラス変換対表を用いると

$$y(t) = \mathcal{L}^{-1}[Y(s)] = \mathcal{L}^{-1}[1] = \delta(t) \tag{5.16}$$

と求められる．

次に，積分要素の伝達関数の一般形は $G(s) = 1/s$ なので，$Y(s) = 1/s^2$ である．そ

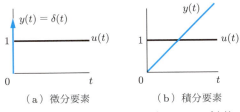

(a) 微分要素　　　(b) 積分要素

図 5.3　微分要素および積分要素のステップ応答

こで，ステップ応答 $y(t)$ は次のように書ける．

$$y(t) = \mathcal{L}^{-1}[Y(s)] = \mathcal{L}^{-1}\left[\frac{1}{s^2}\right] = tu(t) \tag{5.17}$$

図 5.3(a) と (b) は，それぞれ微分要素および積分要素のステップ応答 $y(t)$ を示したものである．

(2) 周波数応答

式 (5.10) の伝達関数で表される微分要素について，その周波数応答のナイキスト線図とボード線図を描いてみよう．まず，周波数応答は，

$$[G(s)]_{s=j\omega} = G(j\omega) = j\omega \tag{5.18}$$

と書ける．$G(j\omega)$ は実部はなく虚部だけである．したがって，ω を 0 から ∞ まで変化させてナイキスト線図を描くと，図 5.4(a) のようになる．図より，位相は ω に関係なくつねに 90° 進んでいることがわかる．

一方，ボード線図を描くためゲインおよび位相を求めると，次のように表される．

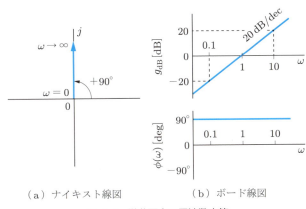

(a) ナイキスト線図　　　(b) ボード線図

図 5.4　微分要素の周波数応答

$$|G(j\omega)| = |j\omega| = \omega \tag{5.19}$$

$$\phi(\omega) = \tan^{-1}\frac{\omega}{0} = 90° \tag{5.20}$$

式 (5.19) の両辺の常用対数をとり，ゲイン g_{dB} を求めると

$$g_{\mathrm{dB}} = 20\log|G(j\omega)| = 20\log\omega \tag{5.21}$$

となる．ω を変えて g_{dB} と $\phi(\omega)$ を描けば，図 5.4(b) のようなボード線図が得られる．ゲインの傾斜は，ω が 10 倍となるごとに 20 dB ずつ増加する割合である．これを，1 デケード（decade）あたり 20 dB の傾斜と呼び，20 dB/dec と書く．

次に，式 (5.15) の伝達関数で表される積分要素の周波数応答は次式で与えられる．

$$[G(s)]_{s=j\omega} = G(j\omega) = \frac{1}{j\omega} = -\frac{j}{\omega} \tag{5.22}$$

ナイキスト線図は，ω を 0 から ∞ まで変化させると図 5.5(a) のように描かれ，位相は ω に関係なくつねに 90° 遅れている．

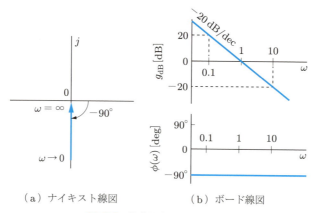

(a) ナイキスト線図　　(b) ボード線図

図 5.5　積分要素の周波数応答

ボード線図を描くためにゲインおよび位相を求めれば

$$|G(j\omega)| = \left|\frac{1}{j\omega}\right| = \frac{1}{\omega} \tag{5.23}$$

$$\phi(\omega) = \tan^{-1}\frac{-\frac{1}{\omega}}{0} = -90° \tag{5.24}$$

となる．式 (5.23) の両辺の常用対数をとりゲイン g_{dB} を求めると，

$$g_{\mathrm{dB}} = 20\log|G(j\omega)| = 20\log 1 - 20\log\omega = -20\log\omega$$

を得る．ω を変えて g_{dB} と $\phi(\omega)$ を描けば，図 5.5(b) のようになる．ゲインの傾斜は 1 デケードあたり $-20\,\mathrm{dB}$ の傾斜であり，$-20\,\mathrm{dB/dec}$ と書く．

> **例題 5.1** 比例要素と積分要素からなるシステムが，図 5.6 に示すブロック線図で与えられている．$\omega = 500\,\mathrm{rad/s}$ において全体のシステムのゲインを 1 とするには，K の値をいくらに選べばよいか．
>
>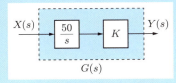
>
> 図 5.6　比例要素と積分要素

解 前向きの伝達関数は次のように求められる．

$$G(s) = \frac{Y(s)}{X(s)} = \frac{50K}{s}$$

いま，ゲインを問題にしているので上式のゲインを求めれば

$$|G(j\omega)| = \left|\frac{50K}{j\omega}\right| = \frac{50K}{\omega}$$

となる．$\omega = 500\,\mathrm{rad/s}$ で，$|G(j\omega)| = 1$ となればよい．すなわち，

$$\frac{50K}{\omega} = \frac{50K}{500} = 1$$

である．したがって，$K = 10$ と選べばよいことがわかる．

5.4　1 次遅れ要素

5.4.1　伝達関数

図 5.2 の直列 RC 回路について，$v_R(t) \gg v_C(t)$ の条件をはずすことにする．このような回路は簡単な低域通過形フィルタとして使われる．このとき，式 (5.11) で示したように次式が成り立つ．

$$v_i(t) = Ri(t) + \frac{1}{C}\int i(t)dt$$

84 第 5 章 基本伝達関数の特性

$$v_o(t) = \frac{1}{C} \int i(t) dt$$

上記二つの式について，両辺をラプラス変換すると次のようになる．

$$V_i(s) = RI(s) + \frac{1}{Cs} I(s)$$

$$V_o(s) = \frac{1}{Cs} I(s)$$

伝達関数は，s 領域での入出力比をとれば

$$G(s) = \frac{V_o(s)}{V_i(s)} = \frac{1}{1 + sRC} \tag{5.25}$$

と得られる．このような要素を 1 次遅れ要素という．

1 次遅れ要素の伝達関数の一般形は，$X(s)$ を入力，$Y(s)$ を出力とすると

$$G(s) = \frac{Y(s)}{X(s)} = \frac{1}{1 + sT} \tag{5.26}$$

のように表せる．

5.4.2 時間応答と周波数応答 • • • • • • • • • • • • • • •

(1) 時間応答

式 (5.26) の一般形で示される 1 次遅れ要素について，その応答を求めてみる．ステップ応答 $Y(s)$ は

$$Y(s) = G(s)U(s) = \frac{1}{1 + sT} \cdot \frac{1}{s}$$

である．時間領域のステップ応答 $y(t)$ は

$$y(t) = \mathcal{L}^{-1}[Y(s)] = \mathcal{L}^{-1}\left[\frac{1}{1 + sT} \cdot \frac{1}{s}\right] \tag{5.27}$$

を求めればよい．表 3.2 のラプラス変換対表を用いてラプラス逆変換を計算すれば，次式のようになる．

$$y(t) = 1 - e^{-\frac{t}{T}} \tag{5.28}$$

t を横軸として $y(t)$ を描けば，図 5.7 のようなステップ応答が得られる．図において，$t = T$ は時間応答が最終値のほぼ 63% に達するまでの時間を示し，時定数と呼ばれる．

(2) 周波数応答

1 次遅れ要素の周波数応答は式 (5.26) より

5.4 1次遅れ要素

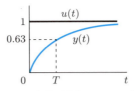

図 5.7　1 次遅れ要素のステップ応答

$$[G(s)]_{s=j\omega} = G(j\omega) = \frac{1}{1+j\omega T} \tag{5.29}$$

で表せる．ただし，$T = RC$ とする．

まず，式 (5.29) の周波数応答をナイキスト線図で描くことを考えよう．そこで，

$$\frac{1}{1+j\omega T} = x + jy \tag{5.30}$$

とおけば，実部と虚部はそれぞれ

$$x = \frac{1}{1+\omega^2 T^2}, \quad y = -\frac{\omega T}{1+\omega^2 T^2}$$

となる．上記両式の ωT を消去すれば

$$\left(x - \frac{1}{2}\right)^2 + y^2 = \left(\frac{1}{2}\right)^2 \tag{5.31}$$

を得る．これは，図 5.8 に示すように中心が実軸上の点 $(1/2, j0)$ にあり，半径 $1/2$ の円の方程式である．ここで，式 (5.29) より

$$\lim_{\omega \to 0} |G(j\omega)| = 1, \quad \lim_{\omega \to 0} \phi(\omega) = 0° \tag{5.32a}$$

$$\lim_{\omega \to \infty} |G(j\omega)| = 0, \quad \lim_{\omega \to \infty} \phi(\omega) = \tan^{-1}(-\omega T) = -90° \tag{5.32b}$$

なので，図上に ω をパラメータとして表すことができる．

次に，ボード線図を描くためゲインと位相に分けて考えよう．まず，式 (5.29) を次のように実部と虚部で表される複素数に変形する．

$$G(j\omega) = \frac{1}{1+j\omega T} = \frac{1-j\omega T}{1+\omega^2 T^2} = \frac{1}{1+\omega^2 T^2} - j\frac{\omega T}{1+\omega^2 T^2} \tag{5.33}$$

上式よりゲインと位相は

$$|G(j\omega)| = \frac{1}{\sqrt{1+\omega^2 T^2}} \tag{5.34}$$

$$\phi(\omega) = \tan^{-1}(-\omega T) = -\tan^{-1}\omega T \tag{5.35}$$

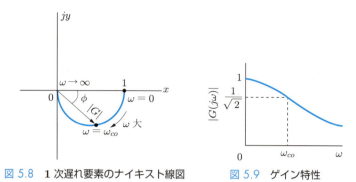

図 5.8　1 次遅れ要素のナイキスト線図　　図 5.9　ゲイン特性

となる.

式 (5.34) において, $\omega T = 1$ のときゲイン $|G(j\omega)| = 1/\sqrt{2} \simeq 0.707$ となる. このように, ゲインの最大値の $1/\sqrt{2}$ となる角周波数を**遮断周波数** ω_{co} といい, 低域通過形フィルタと考える場合, 帯域幅を表す. 図 5.9 は, 式 (5.34) における ω と $|G(j\omega)|$ の関係を描いたものである.

また, ゲイン g_{dB} については常用対数をとると次のようになる.

$$\begin{aligned} g_{\mathrm{dB}} &= 20 \log |G(j\omega)| = 20[\log 1 - \log\{1 + (\omega T)^2\}^{\frac{1}{2}}] \\ &= -10 \log\{1 + (\omega T)^2\} \end{aligned} \tag{5.36}$$

上式において, 角周波数 ω を変えて g_{dB} の値をプロットすればゲイン曲線が得られる. しかし, 通常は以下に述べる近似曲線を描けば十分であることが多い.

そこで, 上式を $\omega T \ll 1$, $\omega T = 1$, $\omega T \gg 1$ の三つの場合に分けて考える.

■ $\boldsymbol{\omega T \ll 1}$

$1 + (\omega T)^2 \simeq 1$ なので

$$g_{\mathrm{dB}} = -10 \log 1 = 0 \, \mathrm{dB} \tag{5.37a}$$

■ $\boldsymbol{\omega T = 1}$

$$g_{\mathrm{dB}} = -10 \log 2 \simeq -3 \, \mathrm{db} \tag{5.37b}$$

■ $\boldsymbol{\omega T \gg 1}$

$1 + (\omega T)^2 \simeq (\omega T)^2$ なので

$$g_{\mathrm{dB}} = -20 \log \omega T \tag{5.37c}$$

式 (5.37c) は, $\omega T \gg 1$ の場合, ゲインの傾斜は ω が 10 倍となるごとに 20 dB ずつ

低下することを示している．すなわち，1 デケードあたり $-20\,\mathrm{dB}$ の傾斜となることがわかる．

ゲイン特性 g_{dB} の近似曲線を描くときは，

$$\omega T = 1$$

となる角周波数に着目するとよい．$\omega = 1/T$ におけるゲインは式 (5.37b) より $g_{\mathrm{dB}} \simeq -3\,\mathrm{dB}$ であるが，これを $g_{\mathrm{dB}} = 0$ として近似曲線を描くと，図 5.10(a) の実線のようになる．図からわかるようにゲイン特性は二つの漸近線で表現され，$\omega = 1/T$ が折点になっている．このことから，$\omega = 1/T$ を折点周波数ともいう．実際のゲイン曲線は破線で示されるが，漸近線による近似曲線を用いてもその誤差が小さいので通常はさしつかえない．

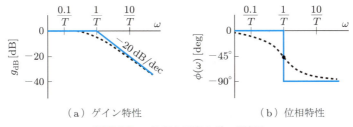

（a）ゲイン特性　　　　　　　　（b）位相特性

図 5.10　1 次遅れ要素のボード線図

一方，位相特性についても $\omega T \ll 1$，$\omega T = 1$，$\omega T \gg 1$ の三つの場合に分けてみよう．

$$\omega T \ll 1 \qquad \phi(\omega) = 0° \tag{5.38a}$$

$$\omega T = 1 \qquad \phi(\omega) = -\tan^{-1} 1 = -45° \tag{5.38b}$$

$$\omega T \gg 1 \qquad \phi(\omega) = -90° \tag{5.38c}$$

ゲイン特性の場合と同様に位相特性の近似曲線を描けば，図 (b) の実線のようになる．この場合，実際の位相曲線と比べると，近似曲線があまりにもかけはなれていることがわかる．この点から位相特性については通常，近似曲線は用いられない．

例題 5.2 伝達関数が

$$G(s) = \frac{120}{s + 120}$$

で与えられる 1 次遅れ要素について，以下の問いに答えよ．

88 第 5 章 基本伝達関数の特性

> (1) 遮断周波数 f_{co} を求めよ.
> (2) f_{co} における位相 ϕ_{co} を求めよ.
> (3) ステップ入力を加えたとき，出力が最終値の 63% に達する時間を示せ.

解 (1)
$$[G(s)]_{s=j\omega} = G(j\omega) = \frac{120}{120 + j\omega} = \frac{1}{1 + j\dfrac{\omega}{120}}$$

$\omega/120 = 1$ のとき $|G(j\omega)| = 1/\sqrt{2}$ となる．したがって，このときの ω が ω_{co} である．

$$\omega_{co} = 120\,\text{rad/s}$$

$$f_{co} = \frac{120}{2\pi} = 19.1\,\text{Hz}$$

(2) $\phi_{co} = -\tan^{-1}\dfrac{\omega_{co}}{120} = -\tan^{-1} 1 = -45°$

(3) $T = \dfrac{1}{120} = 8.3\,\text{ms}$ ■

> **例題 5.3** あるシステムの伝達関数が次のように与えられている．
>
> $$G(s) = \frac{1}{1 + s}$$
>
> 正弦波状入力 $40\angle 0°$ が加えられたとき，$\omega = 2\,\text{rad/s}$ における出力の絶対値（大きさ）と位相を求めよ．

解
$$[G(s)]_{s=j\omega} = G(j\omega) = \frac{1}{1 + j\omega}$$

$$G(j2) = \frac{1}{1 + j2} = \frac{1 - j2}{(1 + j2)(1 - j2)} = \frac{1}{5} - j\frac{2}{5} = \sqrt{0.2}\angle -63.4°$$

いま，入力を $X(j\omega)$，出力を $Y(j\omega)$ とすると

$$Y(j\omega) = G(j\omega)X(j\omega) = (\sqrt{0.2}\angle -63.4°)(40\angle 0°) = 17.89\angle -63.4°$$

となる．したがって，出力の絶対値は 17.89 で，位相は入力に比べて 63.4° 遅れる． ■

5.5 1次進み要素

5.5.1 伝達関数 ●

図 5.11 の直列 RL 回路において，入力を定電流源 $i_s(t)$，出力を $v_o(t)$ とする．
定電流源とは，負荷を変えてもつねに一定電流を供給する電源をいう．このとき次

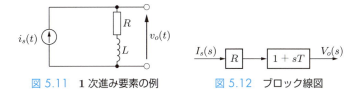

図 5.11　1 次進み要素の例　　　図 5.12　ブロック線図

の微分方程式が成り立つ．

$$v_o(t) = L\frac{di_s(t)}{dt} + Ri_s(t) \tag{5.39}$$

両辺をラプラス変換すると

$$V_o(s) = LsI_s(s) + RI_s(s)$$

になる．伝達関数は s 領域での入出力比をとればよいので，

$$G(s) = \frac{V_o(s)}{I_s(s)} = R\left(1 + s\frac{L}{R}\right) = R(1 + sT) \tag{5.40}$$

と書ける．ただし，$L/R = T$ とする．ゲイン定数としての R を 1 とし，伝達関数の一般形が

$$G(s) = 1 + sT \tag{5.41}$$

で表される要素を，1 次進み要素と呼ぶ．図 5.11 の回路は，比例要素 R と 1 次進み要素 $1 + sT$ の縦続接続（図 5.12）からなると考えられる．

5.5.2　時間応答と周波数応答
(1) 時間応答

式 (5.41) で表される 1 次進み要素のステップ応答は

$$v_o(t) = \mathcal{L}^{-1}[G(s)U(s)] = \mathcal{L}^{-1}\left[(1 + sT) \cdot \frac{1}{s}\right]$$

を求めればよい．表 3.2 のラプラス変換対表より

$$\mathcal{L}^{-1}\left[\frac{1}{s} + T\right] = u(t) + T\delta(t) \tag{5.42}$$

を得る．図 5.13(a) は，1 次進み要素のステップ応答波形を示したものである．

図 5.11 の直列 RL 回路のステップ応答は，比例要素 R を考慮に入れると次のようになる（図 5.13(b)）．

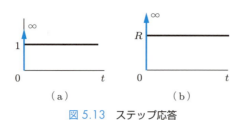

図 5.13　ステップ応答

$$\mathcal{L}^{-1}\left[\frac{R}{s} + TR\right] = Ru(t) + L\delta(t) \tag{5.43}$$

(2) 周波数応答

1 次進み要素の周波数応答は次のように書ける．

$$[G(s)]_{s=j\omega} = G(j\omega) = 1 + j\omega T \tag{5.44}$$

ω を 0 から ∞ まで変化させてナイキスト線図を描くと，図 5.14 のようになる．

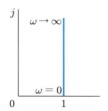

図 5.14　1 次進み要素のナイキスト線図

一方，ボード線図を描くために，$G(j\omega)$ をゲインと位相に分けて考えよう．

$$|G(j\omega)| = \sqrt{1 + (\omega T)^2} \tag{5.45}$$
$$\phi(\omega) = \tan^{-1} \omega T \tag{5.46}$$

ボード線図のゲイン曲線は 1 次遅れ要素の場合と同様に，$\omega T \ll 1$, $\omega T = 0$, $\omega T \gg 1$ に分けて近似曲線により描くことができる．ただし，ゲイン特性の漸近線は，右上がりの直線（+20 dB/dec）に変わっている．位相については，1 次遅れ要素の場合とは逆に進みとなっている．図 5.15(a) と (b) は，1 次進み要素のゲイン特性と位相特性の概形を示す．

例題 5.4　伝達関数が次のように与えられている．ボード線図（ゲイン特性）の概形を描け．

5.5 1次進み要素

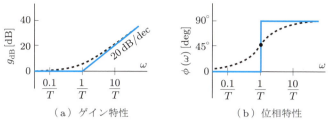

(a) ゲイン特性　　　　　　(b) 位相特性

図 5.15　1 次進み要素のボード線図

$$G(s) = \frac{K(1+sT_1)}{s(1+sT_2)} \qquad T_1 \gg T_2$$

解　伝達関数は，比例要素，積分要素，1 次進み要素，1 次遅れ要素，すなわち

$$K, \quad \frac{1}{s}, \quad 1+sT_1, \quad \frac{1}{1+sT_2}$$

からなることがわかる.

$$G(j\omega) = \frac{K(1+j\omega T_1)}{j\omega(1+j\omega T_2)}$$

なので，ゲイン g_{dB} はそれぞれの要素のゲインの和として与えられている.

$$\begin{aligned}g_{\mathrm{dB}} &= 20\log|G(j\omega)| \\ &= 20\log\left|\frac{K}{j\omega}\right| + 20\log|1+j\omega T_1| + 20\log\left|\frac{1}{1+j\omega T_2}\right| \\ &= g_1 + g_2 + g_3\end{aligned}$$

g_1，g_2，g_3 のゲイン特性の描き方についてはすでにわかっているので，図 5.16 に示すようにそれぞれを描き，次いで図上で

$$g_{\mathrm{dB}} = g_1 + g_2 + g_3$$

となるように加え合わせれば，求める概形が得られる.

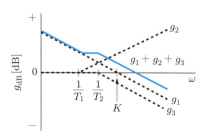

図 5.16　ゲイン特性の重ね合わせ

5.6 2次要素

5.6.1 伝達関数

図 5.17 の直列 RLC 回路において，入力電圧を $v_i(t)$，出力電圧を $v_o(t)$ とする．このときの伝達関数を求めよう．

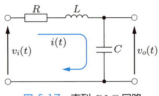

図 5.17 直列 RLC 回路

まず，この回路について次式が成り立つ．

$$v_i(t) = Ri(t) + L\frac{di(t)}{dt} + \frac{1}{C}\int i(t)dt \tag{5.47}$$

$$v_o(t) = \frac{1}{C}\int i(t)dt \tag{5.48}$$

両式をラプラス変換すると

$$V_i(s) = RI(s) + LsI(s) + \frac{1}{Cs}I(s)$$

$$V_o(s) = \frac{1}{Cs}I(s)$$

が得られる．s 領域の入出力比をとると，次のような 2 次の伝達関数が与えられる．

$$G(s) = \frac{V_o(s)}{V_i(s)} = \frac{1}{LCs^2 + RCs + 1} = \frac{\dfrac{1}{LC}}{s^2 + \dfrac{R}{L}s + \dfrac{1}{LC}} \tag{5.49}$$

上式は入力を $X(s)$，出力を $Y(s)$ とし，次のような一般形で表現することができる．

$$G(s) = \frac{Y(s)}{X(s)} = \frac{\omega_n{}^2}{s^2 + 2\zeta\omega_n s + \omega_n{}^2} \tag{5.50}$$

このような要素を，2 次要素あるいは 2 次遅れ要素という．

ここで，式 (5.49) と式 (5.50) を対応させると

$$\omega_n{}^2 = \frac{1}{LC}, \quad 2\zeta\omega_n = \frac{R}{L}$$

となる. ω_n は固有周波数, ζ は減衰率と呼ばれ, これらは, 2 次要素の応答に影響を
与える重要な要因であり, 以下に示される.

$$\omega_n = \frac{1}{\sqrt{LC}}, \quad \zeta = \frac{R}{2}\sqrt{\frac{C}{L}}$$

5.6.2 時間応答と周波数応答 • • • • • • • • • • • • • • •

(1) 時間応答

式 (5.50) の一般形で示される伝達関数をもつ 2 次要素のステップ応答を計算してみ
よう. まず, 出力 $Y(s)$ は

$$Y(s) = G(s)U(s) = \frac{\omega_n{}^2}{s^2 + 2\zeta\omega_n s + \omega_n{}^2} \cdot \frac{1}{s} \tag{5.51}$$

と与えられる. ステップ応答 $y(t)$ は上式をラプラス逆変換すればよい.

$$y(t) = \mathcal{L}^{-1}\left[\frac{\omega_n{}^2}{s(s^2 + 2\zeta\omega_n s + \omega_n{}^2)}\right] \tag{5.52}$$

このラプラス逆変換を実行するには, [ ] の中の式を部分分数に展開し, その後表 3.2
を適用する. そこで, 次式

$$s^2 + 2\zeta\omega_n s + \omega_n{}^2 = 0 \tag{5.53}$$

の二つの根を s_1 と s_2 とすれば

$$s_1, \, s_2 = -\left(\zeta \pm \sqrt{\zeta^2 - 1}\right)\omega_n \tag{5.54}$$

となる. その結果,

$$y(t) = \mathcal{L}^{-1}\left[\frac{1}{s} + \frac{1}{s_1 - s_2}\left(\frac{s_2}{s - s_1} - \frac{s_1}{s - s_2}\right)\right] \tag{5.55}$$

と書ける. 部分分数について表 3.2 を適用し, ラプラス逆変換すると次式を得る.

$$y(t) = 1 + \frac{1}{s_1 - s_2}(s_2 e^{s_1 t} - s_1 e^{s_2 t}) \tag{5.56}$$

さて, 式 (5.54) からわかるように, 減衰率 ζ の値によって根 s_1, s_2 の値は次のよ
うに大きく異なる.

$\zeta > 1$　　　　$s_1, \, s_2$ は相異なる実根

$\zeta = 1$　　　　$s_1, \, s_2$ は実根, $s_1 = s_2 = s_0$

94 第 5 章 基本伝達関数の特性

$$0 < \zeta < 1 \qquad s_1,\ s_2 \text{ は共役複素根}$$

$$\zeta = 0 \qquad\qquad s_1,\ s_2 \text{ は虚根}$$

以下に，$\zeta > 1$，$\zeta = 1$，$0 < \zeta < 1$，$\zeta = 0$ の四つの場合に分け，式 (5.56) について詳しく検討してみよう．

■ $\zeta > 1$ の場合

この場合，$s_1,\ s_2 = -(\zeta \pm \sqrt{\zeta^2 - 1})\omega_n$ を式 (5.56) に代入し，双曲線関数の定義

$$\sinh A = \frac{e^A - e^{-A}}{2} \tag{5.57a}$$

$$\cosh A = \frac{e^A + e^{-A}}{2} \tag{5.57b}$$

を用いて整理すると，出力 $y(t)$ は次のように求められる．

$$y(t) = 1 - e^{-\zeta\omega_n t}\left\{ \cosh\sqrt{\zeta^2 - 1}\,\omega_n t + \frac{\zeta}{\sqrt{\zeta^2 - 1}}\sinh\sqrt{\zeta^2 - 1}\,\omega_n t \right\} \tag{5.58}$$

■ $\zeta = 1$ の場合

二つの根 $s_1,\ s_2$ は $s_1 = s_2 = s_0$ であり，式 (5.56) の右辺第 2 項は $0/0$ となるのでこの式を適用することができない．このような場合は，元の式 (5.52) に戻ればよい．すなわち，$\zeta = 1$ とすると次のように書ける．

$$y(t) = \mathcal{L}^{-1}\left[\frac{{\omega_n}^2}{s(s + \omega_n)^2} \right] = \mathcal{L}^{-1}\left[\frac{{s_0}^2}{s(s - s_0)^2} \right]$$

$$= \mathcal{L}^{-1}\left[\frac{1}{s} - \frac{1}{s - s_0} + \frac{s_0}{(s - s_0)^2} \right] \tag{5.59}$$

上式についてラプラス逆変換を求めると，

$$y(t) = 1 - e^{s_0 t} + s_0 t e^{s_0 t}$$

となる．$s_0 = -\omega_n$ を代入すれば次式のように書ける．

$$y(t) = 1 - e^{-\omega_n t}(1 + \omega_n t) \tag{5.60}$$

■ $0 < \zeta < 1$ の場合

根 $s_1,\ s_2$ は共役複素根となる．すなわち，

$$s_1,\ s_2 = -\left(\zeta \pm j\sqrt{1 - \zeta^2} \right)\omega_n$$

となる．これを式 (5.56) に代入し，式 (5.57) の双曲線関数の定義を用いて整理する．また，$\cosh jA = \cos A$, $\sinh jA = j \sin A$ の関係を用いて書き直すと，ステップ応答は次のようになる．

$$y(t) = 1 - e^{-\zeta\omega_n t}\left(\cos\sqrt{1-\zeta^2}\,\omega_n t + \frac{\zeta}{\sqrt{1-\zeta^2}}\sin\sqrt{1-\zeta^2}\,\omega_n t\right) \quad (5.61)$$

■ $\zeta = 0$ の場合

この場合，二つの根 s_1 と s_2 は

$$s_1,\ s_2 = \pm j\omega_n \quad (5.62)$$

である．s_1, s_2 を式 (5.56) に代入してステップ応答を求めれば，次のようになる．

$$y(t) = 1 - \cos\omega_n t \quad (5.63)$$

以上のように，2次要素のステップ応答は減衰率 ζ が $\zeta > 1$，$\zeta = 1$，$0 < \zeta < 1$，$\zeta = 0$ の四つの場合に応じてそれぞれ求められる．このことは，ζ の値がステップ応答波形に大きな影響を与えることを示す．そこで，ζ の値をパラメータに選び横軸を $\omega_n t$，縦軸を $y(t)$ としてステップ応答の計算結果を図示すると，図 5.18 のように与えられる．

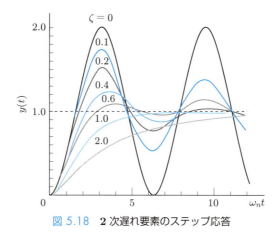

図 5.18　2次遅れ要素のステップ応答

同図において，$\zeta > 1$ の場合には，出力 $y(t)$ は目標値としての入力 $u(t) = 1$ に単調に漸近する．しかし，図からわかるように目標値に落ち着くまでに長く時間がかかってしまい，速応性が悪すぎるので普通は $\zeta > 1$ に設定されることはない．一方，$0 < \zeta < 1$ の場合，応答は速いが減衰が小さく，目標値のまわりで振動する．とくに，ζ が小さ

くなるに従い，減衰性が悪く目標値に達するのに時間がかかる．$\zeta=0$ になると振動は持続し減衰することがない．表 5.1 は，減衰率 ζ とステップ応答波形の関係について，場合分けして整理したものである．

表 5.1 減衰率とステップ応答の状態

ζ	s_1, s_2	ステップ応答
$\zeta > 1$	$s_1, s_2 = (-\zeta \pm \sqrt{\zeta^2 - 1})\omega_n$	過制動
$\zeta = 1$	$s_1, s_2 = s_0 = -\omega_n$	臨界制動
$\zeta < 1$	$s_1, s_2 = (-\zeta \pm j\sqrt{1 - \zeta^2})\omega_n$	不足制動
$\zeta = 0$	$s_1, s_2 = \pm j\omega_n$	持続振動

一般に，制御系として設計するとき ζ は $0 < \zeta < 1$ に設定され，サーボ系の場合 ζ は 0.6〜0.8 程度が多い．そこで，$0 < \zeta < 1$ の場合の過渡応答についてもう少し詳しく調べてみよう．すなわち，2 次要素のステップ応答の概形（図 5.19）において，目標値（= 1）を中心とする振動の振幅 $A_1, A_2, \ldots$ を求めてみる．

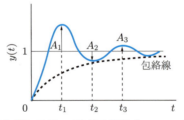

図 5.19 ステップ応答の概形（$0 < \zeta < 1$）

まず，振動の極値に対応する時刻 $t_1, t_2, \ldots$ は，$y(t)$ の時間微分を 0 とおくことにより得られる．すなわち，式 (5.61) を微分すれば

$$\frac{dy(t)}{dt} = \frac{\omega_n}{\sqrt{1-\zeta^2}} \exp(-\zeta\omega_n t) \cdot \sin\sqrt{1-\zeta^2}\,\omega_n t = 0$$

となる．上式を満足する t を t_n とすれば，

$$t_n = \frac{n\pi}{\sqrt{1-\zeta^2}\,\omega_n} \qquad n = 1, 2, \ldots \tag{5.64}$$

を得る．式 (5.64) を式 (5.61) に代入すると次のようになる．

$$y(t_n) = 1 - (-1)^n \exp\left(-\frac{n\pi\zeta}{\sqrt{1-\zeta^2}}\right) \qquad n = 1, 2, \ldots$$

したがって，振幅 A_n は

$$A_n = \exp\left(-\frac{n\pi\zeta}{\sqrt{1-\zeta^2}}\right) \qquad n = 1, 2, \ldots \tag{5.65}$$

となるが，とくに A_1 の値を行き過ぎ量と呼び，通常 O_s と表す．行き過ぎ量 O_s は

$$O_s = A_1 = \exp\left(-\frac{\pi\zeta}{\sqrt{1-\zeta^2}}\right) \tag{5.66}$$

で与えられる．上式において $\zeta = 0.4,\ 0.6,\ 0.707$ のとき，O_s は

$$\zeta = 0.4 \qquad O_s \simeq 0.25\ (25\%)$$
$$\zeta = 0.6 \qquad O_s \simeq 0.1\ (10\%)$$
$$\zeta = 0.707 \qquad O_s \simeq 0.05\ (5\%)$$

となり，覚えやすい値となっている．

式 (5.66) からわかるように，行き過ぎ量 O_s は ζ の関数である．言い換えれば，ζ は応答における振動の減衰性を支配する．このことから，ζ は減衰率と呼ばれ，制御系の応答の形や安定性を支配する定数であり，制御系の特性を表す一つの指標となっている．

なお，図 5.19 の振動成分の包絡線が最終値の 63% になるまでの時間を，2 次系の時定数ということがある．包絡線は式 (5.61) の $e^{-\zeta\omega_n t}$ により決まるので，時定数は $t = 1/\zeta\omega_n$ で与えられる．

(2) 周波数応答

2 次要素の周波数応答は，式 (5.50) の伝達関数の一般形に $s = j\omega$ を代入すれば次のようになる．

$$G(j\omega) = \frac{\omega_n{}^2}{\omega_n{}^2 - \omega^2 + j2\zeta\omega_n\omega} = \frac{1}{1 - \left(\dfrac{\omega}{\omega_n}\right)^2 + j2\zeta\dfrac{\omega}{\omega_n}} \tag{5.67}$$

ただし，ω/ω_n は固有周波数により基準化したものである．

ナイキスト線図の概形を描くために，まず ω が 0 と ∞ のときのゲインと位相を求めてみよう．

$$\lim_{\omega \to 0} |G(j\omega)| = 1, \quad \lim_{\omega \to 0} \phi(\omega) = 0° \tag{5.68a}$$

$$\lim_{\omega \to \infty} |G(j\omega)| = 0, \quad \lim_{\omega \to \infty} \phi(\omega) = \lim_{\omega \to \infty} \tan^{-1} \left\{ \frac{-2\zeta \dfrac{\omega}{\omega_n}}{1 - \left(\dfrac{\omega}{\omega_n}\right)^2} \right\} = -180° \tag{5.68b}$$

ナイキスト線図は，図 5.20 に示すように虚軸を横切る．この交点となる角周波数 ω とそのときのゲイン $|G(j\omega)|$ は次のようにして得られる．すなわち，式 (5.67) において

$$1 - \left(\frac{\omega}{\omega_n}\right)^2 = 0$$

のとき $G(j\omega)$ は虚軸上にある．これより $\omega = \omega_n$ となる．このときのゲイン $|G(j\omega_n)|$ は

$$|G(j\omega_n)| = \left|\frac{1}{j2\zeta}\right| = \frac{1}{2\zeta}$$

と求められる．

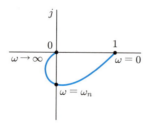

図 5.20　2 次要素のナイキスト線図

次に，ボード線図を描くことにする．ゲインと位相はそれぞれ次のように表せる．

$$g_{\mathrm{dB}} = 20 \log |G(j\omega)| = -20 \log \sqrt{\left\{1 - \left(\frac{\omega}{\omega_n}\right)^2\right\}^2 + \left(\frac{2\zeta\omega}{\omega_n}\right)^2} \tag{5.69a}$$

$$\phi(\omega) = \tan^{-1} \left\{ \frac{-2\zeta \dfrac{\omega}{\omega_n}}{1 - \left(\dfrac{\omega}{\omega_n}\right)^2} \right\} \tag{5.69b}$$

上式において $\omega/\omega_n \ll 1$ と $\omega/\omega_n \gg 1$ の場合に分けて，それぞれゲイン特性の漸近線を求めると次のようになる．

$$\frac{\omega}{\omega_n} \ll 1 \qquad g_{\mathrm{dB}} = 20 \log |G(j\omega)| \simeq -20 \log 1 = 0\,\mathrm{dB} \tag{5.70a}$$

$$\frac{\omega}{\omega_n} \gg 1 \qquad g_{\mathrm{dB}} = -20\log\sqrt{\left(\frac{\omega}{\omega_n}\right)^4} = -40\log\frac{\omega}{\omega_n} \tag{5.70b}$$

したがって，0 dB 直線と $-40\log(\omega/\omega_n)$ の直線が漸近線となり，二つの直線の交点は

$$-40\log\frac{\omega}{\omega_n} = 0\,\mathrm{dB}$$

より求められ，$\omega = \omega_n$ となる．

ゲイン特性を漸近線による近似曲線で描く方法は，1 次遅れ要素，1 次進み要素の場合は妥当な方法であった．たとえば，実際の特性と近似曲線とのずれが一番大きい場合でも，たかだか 3 dB（$\omega = 1/T$ のとき）である．ところが，2 次要素の場合，$\omega = \omega_n$ 付近では減衰率 ζ の値によっては実際の特性が近似曲線と大きく異なるので，近似曲線の使用にあたっては十分に注意する必要がある．

このことを理解するために，ζ をパラメータとして 2 次要素のゲイン特性を描くと図 5.21(a) が得られる．図より明らかなように，ζ が小さいときはゲイン g_{dB} が極大値を示すようになり，ζ が小さくなればなるほど極大値が大きくなる．

そこで，ζ の値がどのくらいになれば極大値を示すようになるか調べてみる．式 (5.67) において $\omega/\omega_n = u$ とおき，$|G(j\omega)|$ を求めると次のようになる．

$$|G(j\omega)| = \frac{1}{\{(1-u^2)^2 + (2\zeta u)^2\}^{\frac{1}{2}}} \tag{5.71}$$

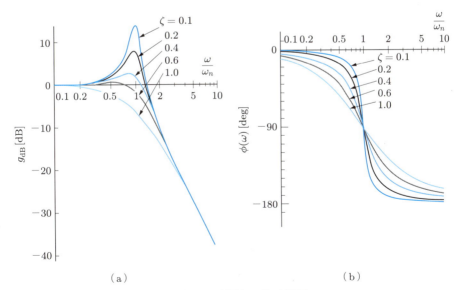

図 5.21　2 次要素のボード線図

共振周波数 ω_p は，u について $|G(j\omega)|$ を微分し，それを 0 にすることにより得られる．すなわち，

$$\frac{d|G(j\omega)|}{du} = -\frac{1}{2}(u^4 - 2u^2 + 1 + 4\zeta^2 u^2)^{-\frac{3}{2}}(4u^3 - 4u + 8u\zeta^2) = 0 \quad (5.72)$$

となる．ここで問題とするのは ζ が $0 < \zeta < 1$ の場合なので，u のすべての実数値に対して

$$u^4 + 2(2\zeta^2 - 1)u^2 + 1 > 0$$

が成り立つ．したがって，次式を満足する u が ω_p/ω_n を与える．

$$4u^3 - 4u + 8u\zeta^2 = 0 \tag{5.73}$$
$$u_p = \frac{\omega_p}{\omega_n} = \sqrt{1 - 2\zeta^2} \tag{5.74}$$

と求められるので，結局，共振周波数は

$$\omega_p = \omega_n\sqrt{1 - 2\zeta^2} \tag{5.75}$$

となる．ω_p は実数なので $1 - 2\zeta^2 \geq 0$ でなければならない．したがって，極大値を示す ζ の値は $\zeta \leq 0.707$ であることがわかる．

式 (5.74) を式 (5.71) に代入すれば，ゲイン特性における極大値 G_p が次のように与えられる．

$$G_p = \frac{1}{[\{1 - (1 - 2\zeta^2)\}^2 + 4\zeta^2(1 - 2\zeta^2)]^{\frac{1}{2}}} = \frac{1}{2\zeta\sqrt{1 - \zeta^2}} \tag{5.76}$$

一方，位相特性は図 (b) に示されるが，ζ の値によって特性が大きく異なることがわかる．2 次要素の位相遅れの最大値は $-180°$ である．

このように，2 次要素において周波数応答の特徴を表す指標としての G_p や ω_p と，時間応答の指標としての ζ や ω_n との関係が定量的に明らかにされた．

例題 5.5 図 5.22 に示す閉ループ系は，入力軸の動き $\theta_i(t)$ に対して出力軸 $\theta_o(t)$ を追従させることを目的とするサーボ系である．入力軸および出力軸の位置は二つのポテンショメータによりそれぞれ電圧に変換され，電圧の差が増幅器によって増幅され，その出力がサーボモータに加えられる．サーボモータのトルクは，入力軸と出力軸の偏差を打ち消す向きに生じる．以下の問いに答えよ．

（1）このサーボ系において，ポテンショメータ，増幅器，サーボモータを構成要

素とするブロック線図を描け.
(2) このサーボ系の伝達関数を示せ.
(3) この系の減衰率 ζ, 固有周波数 ω_n を求めよ.

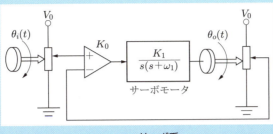

図5.22 サーボ系

解 (1) サーボ系のブロック線図を図 5.23 に示す.

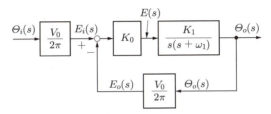

図 5.23 サーボ系のブロック線図

(2) 伝達関数は, s 領域における入出力比 $\Theta_o(s)/\Theta_i(s)$ を求めればよい. ここでは, 図5.23 のブロック線図の簡単化により求めることにする.

$$\frac{\Theta_o(s)}{\Theta_i(s)} = \frac{V_0}{2\pi}\left[\frac{\dfrac{K_0 K_1}{s(s+\omega_1)}}{1+\dfrac{K_0 K_1}{s(s+\omega_1)}\cdot\dfrac{V_0}{2\pi}}\right] = \frac{\dfrac{K_0 K_1 V_0}{2\pi}}{s^2 + \omega_1 s + \dfrac{K_0 K_1 V_0}{2\pi}}$$

(3) 2次要素伝達関数の一般形は

$$\frac{\omega_n{}^2}{s^2 + 2\zeta\omega_n s + \omega_n{}^2}$$

で与えられるので, (2) で得られたサーボ系の伝達関数と対応させれば

$$\omega_n{}^2 = \frac{K_0 K_1 V_0}{2\pi}, \quad 2\zeta\omega_n = \omega_1$$

を得る. したがって, ω_n と ζ はそれぞれ次のように求められる.

$$\omega_n = \sqrt{\frac{K_0 K_1 V_0}{2\pi}}, \quad \zeta = \frac{\omega_1}{2}\sqrt{\frac{2\pi}{K_0 K_1 V_0}}$$

5.7 むだ時間要素

5.7.1 伝達関数

　これまでに挙げた要素は，入力が加えられるとただちに出力の過渡応答が現れるものばかりであった．ところが，入力を加えてからある時間 τ を経過して初めて過渡応答が現れるような要素がある．時間 τ をむだ時間といい，その間は入力の変化は出力にまったく現れない．このような要素を<u>むだ時間要素</u>と呼ぶ．

　電気回路の場合でも信号の伝送にはむだ時間が起こる．ほかのシステムに比べると，電気回路のむだ時間は小さいので問題がないように思えるかもしれない．しかし，超高速演算回路に例をとれば，ナノ秒（ns：10^{-9} s）のむだ時間の存在でも設計上大きな問題になることがある．要はむだ時間そのものの大小が問題なのではなく，対象とするシステムにとってどの程度の動作速度が要求されるかによる．

　ここではわかりやすい例として，図 5.24 に示すように圧延機で鋼材を圧延する際，製造された板の厚みを測りその測定結果をフィードバックして，二つのロールの圧力を制御する場合を考えよう．厚み計をロールの真下に置くことができれば，制御した結果としての板の厚みをただちにフィードバックすることが可能となり，むだ時間は生じない．しかし，実際には厚み計をロールの真下には置けないので，距離 d だけ離れた場所に厚み計を設置することになる．

図 5.24　鋼材の板厚制御（(b) の提供：日本鉄鋼連盟）

　いま，鋼板の移動速度を v とすれば，むだ時間 τ は

$$\tau = \frac{d}{v} \tag{5.77}$$

となる．ロール真下での鋼板の厚みを $x(t)$ とし，距離 d だけ離れた測定点での厚みを $y(t)$ とする．$y(t)$ は $x(t)$ に比べてむだ時間 τ だけ遅れるので，

$$y(t) = x(t-\tau) \tag{5.78}$$

と表せる．

上式の両辺をラプラス変換すると次のようになる．

$$Y(s) = e^{-\tau s} X(s)$$

むだ時間要素の伝達関数は，s 領域での出力比をとればよいので

$$G(s) = \frac{Y(s)}{X(s)} = e^{-\tau s} \tag{5.79}$$

となる．

5.7.2 時間応答と周波数応答

(1) 時間応答

むだ時間要素のステップ応答 $Y(s)$ は

$$Y(s) = e^{-\tau s} U(s) = e^{-\tau s} \cdot \frac{1}{s}$$

である．したがって，$y(t)$ は次のように与えられる．

$$y(t) = \mathcal{L}^{-1}\left[e^{-\tau s} \cdot \frac{1}{s}\right] = u(t-\tau) \tag{5.80}$$

図 5.25 はむだ時間要素のステップ応答波形を示す．図より明らかなように，出力波形は入力波形と同じであるが，ただ τ だけの時間遅れが存在することがわかる．任意の入力波形を加えたとしても，その出力波形は入力波形と同じである．

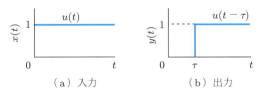

図 5.25　むだ時間要素のステップ応答

(2) 周波数応答

むだ時間要素の周波数応答は

$$[G(s)]_{s=j\omega} = G(j\omega) = e^{-j\omega\tau} \tag{5.81}$$

で表せる．ゲイン $|G(j\omega)|$ と位相 $\phi(\omega)$ は次のようになる．

$$|G(j\omega)| = |e^{-j\omega\tau}| = 1 \tag{5.82a}$$

$$\phi(\omega) = -\omega\tau \tag{5.82b}$$

上式より，ゲインは ω に関係なくつねに 1 であり，一方，位相は ω の増加とともに遅れるということがわかる．したがって，むだ時間要素のナイキスト線図は，図 5.26 のようにゲイン 1 の単位円となり，位相によってその位置が決まる．

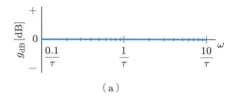

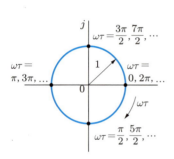

図 5.26 むだ時間要素のナイキスト線図　　図 5.27 むだ時間要素のボード線図

一方，ゲイン g_{dB} は

$$g_{dB} = 20\log|G(j\omega)| = 0\,\text{dB} \tag{5.83}$$

なので，ボード線図は図 5.27 のように表せる．

ところで，むだ時間要素を除けば，これまで説明した各要素は，いずれもゲイン特性の傾きと位相角との間にはある関係が存在する．この関係を明らかにしたものとして，ここでは省くが**ボードの定理**が知られている．ボードの定理が成り立つこのような要素は，**最小位相要素**と呼ばれている．最小位相要素の場合，その伝達関数 $G(s)$ の零点や極が s 平面の右半平面にはない．

これに対して，むだ時間要素は図 5.27 のゲイン特性と位相特性をみてわかるとおり，ゲインは ω に関係なく一定であるのに，位相は ω とともにどんどん遅れる．した

がって，ゲイン特性の傾きと位相角との間に何の関係も見出せない．このような要素を非最小位相要素と呼ぶ．むだ時間要素の伝達関数は，$s = +\infty$ にすれば

$$[G(s)]_{s=+\infty} = e^{-\tau\infty} = 0$$

となるので，$s = +\infty$，すなわち s 平面の右半平面に零点をもつ．この点からも最小位相要素とは区別することができる．

　次章で述べるが，一般にフィードバック制御系の中にむだ時間要素を含んでいると，システムの安定性が損なわれる傾向にあるので，制御系設計にあたってはむだ時間を極力少なくするとともにその対策が必要になる．

> **例題 5.6**　生体において刺激は電気信号になって神経を通して脳に伝えられるが，その際むだ時間が起こる．生体を一つのフィードバック制御系と考えた場合，むだ時間の存在が困る例を挙げよ．

解　**例1**　野球でバッターがストレート，カーブなどピッチャーの投げたボールを目で見てから判断して打つ場合を考えよう．目で見た情報は視覚神経によって脳に伝えられる．知らせを受けた脳は判断して，その命令は運動神経を通して筋肉に伝えられる．これだけの情報伝達を経て初めてバッターは，ストレート，カーブなどの球種に対応した打ち方をすることができる．神経系を通したこの種の情報伝達には，$0.2 \sim 0.3\,\mathrm{s}$ 程度のむだ時間があるとされているので，ボールの速さを考えればとうてい間に合わず打つことはできない．したがって，バッターはピッチャーのくせを読んだり，そのときの状況からどのようなボールが来るかを読む必要にせまられる．いわば予測を行っているといえよう．

例2　車の運転で前方に突然危険物を見つけても，その情報が視神経 → 脳 → 運動神経と伝わる間のむだ時間があるので，ただちにブレーキを踏むことはできない．ブレーキを踏んだとしてもその瞬間に止まるものではなく，ブレーキを踏んでから効き始めるまでに機械的にむだ時間が存在する．したがって，ドライバーは例1の場合と同様，運転中は道路や天候などの状況を頭に入れておき，あらかじめ起こりそうなことを読む，すなわち予測をする必要がある．

演習問題

5.1　図 5.28 に示すサーボ系において，そのステップ応答が最終値の 63% に達する時間を $0.1\,\mathrm{s}$ としたい．増幅器の直流ゲイン K_0 をどのように選べばよいか．なお，サーボモータの伝達関数 $2/s$ は，電機子回路インダクタンス L_a，慣性モーメント J を無視することによる．

5.2　図 5.29 の制御系の行き過ぎ量を

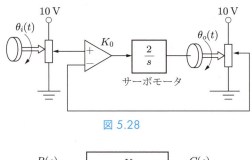

図 5.28

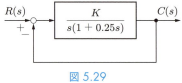

図 5.29

$O_s \leq 10\%$

にするには，K の値をどのように選べばよいか．ただし，減衰率 $\zeta = 0.6$ のとき $O_s = 10\%$ とする．

5.3 伝達関数がそれぞれ次のように与えられている．そのボード線図（ゲイン特性）の概形を描け．

(1) $\dfrac{10(1 + 0.01s)}{s(1 + 0.1s)}$ (2) $\dfrac{s(1 + 0.01s)}{(1 + s)(1 + 0.1s)^2}$ (3) $\dfrac{10(1 + 0.2s)}{s(1 + 0.1s)(1 + 0.01s)}$

5.4 次の伝達関数についてナイキスト線図の概形を描け．その際，$\omega = 2, 5, 10$ におけるゲインと位相の値を示せ．

(1) $\dfrac{10}{s(1 + 0.5s)}$ (2) $\dfrac{10}{(1 + 0.5s)(1 + 0.05s)}$

5.5 図 5.30(a), (b) は，最小位相要素のゲイン特性をボード線図上の漸近線で示したものである．それぞれの要素の伝達関数を求めよ．なお，最小位相要素の場合は，ゲイン特性が与えられれば位相特性がなくても伝達関数を決定できる．

演習問題

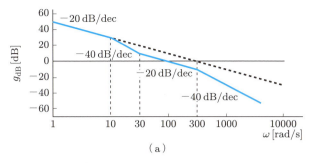

(a)

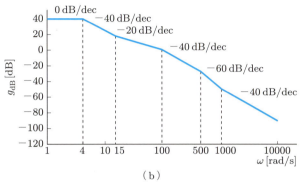

(b)

図 5.30

6 安定性

6.1 安定条件

6.1.1 有界入力–有界出力安定

図 6.1 に示すような前向き要素 $G(s)$，フィードバック要素 $H(s)$ からなるフィードバック制御系について，このシステムの安定性について考えよう．

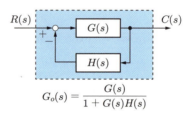

図 6.1 閉ループ系とその伝達関数

ここで，閉ループ伝達関数 $G_o(s)$ は次のように書ける．

$$G_o(s) = \frac{C(s)}{R(s)} = \frac{G(s)}{1 + G(s)H(s)} \tag{6.1}$$

いま，閉ループ系に任意の有界入力を印加し，その結果，有界出力を生じるとき，このシステムは有界入力–有界出力（BIBO）安定であるといわれる．ここで，BIBO は bounded input - bounded output の略である．

このシステムのインパルス応答は，$G_o(s)$ をラプラス逆変換すれば得られる．すなわち，次のように与えられる．

$$g_o(t) = \mathcal{L}^{-1}[G_o(s)] \tag{6.2}$$

インパルス応答 $g_o(t)$ をもつシステムが有界入力–有界出力安定であるための必要十分条件は，

$$\int_0^\infty |g_o(t)| dt < \infty \tag{6.3}$$

であり，インパルス応答の絶対値の積分が有界であると定義される．

　システムが安定か不安定かを見分けることを安定判別という．安定判別に際して，基本的には式 (6.3) を適用すればよいが，直接適用するのは面倒なのでより手軽な判別法が望まれる．そこで，式 (6.3) のインパルス応答 $g_o(t)$ について，詳しく検討してみよう．

　このシステムの入力として単位インパルスを加えるとき，式 (6.1) において $R(s) = 1$ とおけばよいので

$$G_o(s) = C(s) = \frac{G(s)}{1 + G(s)H(s)} = \frac{B(s)}{A(s)} \tag{6.4}$$

を得る．上式をラプラス逆変換すれば，インパルス応答 $g_o(t)$ を求めることができる．そのためには上式を部分分数に展開する必要がある．部分分数に展開する方法についてはすでに 3.5.3 項で述べたが，本章での説明の都合上多少重複することにする．

　一般に，分母 $A(s)$ は次のような n 次の多項式で表せる．

$$A(s) = a_0 s^n + a_1 s^{n-1} + \cdots + a_{n-1} s + a_n \tag{6.5}$$

上式を 1 次式の積の形に因数分解するには，$A(s) = 0$ の根を求める必要がある．通常このような n 次方程式の根を求めるのは困難であるが，ここでは根が求まるものとし，簡単のためすべて相異なる値をもつものとする．このとき，$G_o(s)$ の極はすべて単極であるといい

$$s_1, s_2, \ldots, s_n$$

で与えられるとする．したがって，式 (6.4) は

$$G_o(s) = \frac{B(s)}{(s - s_1)(s - s_2) \cdots (s - s_n)} \tag{6.6}$$

と書ける．ただし，$a_0 = 1$ とする．この部分分数展開形は

$$G_o(s) = \frac{B_1}{s - s_1} + \frac{B_2}{s - s_2} + \cdots + \frac{B_n}{s - s_n} \tag{6.7}$$

となり，$B_1, B_2, \ldots, B_n$ を求めればよい．B_i を極 s_i における留数という．上式の両辺に $(s - s_i)$ を掛けて $s \to s_i$ とすれば，B_i が求まる．

$$B_i = \lim_{s \to s_i} (s - s_i) G_o(s) \tag{6.8}$$

　式 (6.8) で得られた B_i を式 (6.7) に代入する．次いで，式 (6.7) をラプラス逆変換

すれば，インパルス応答 $g_o(t)$ は次のようになる．

$$g_o(t) = \sum_{i=1}^{n} B_i e^{s_i t} \qquad (6.9)$$

上式で $e^{s_i t}$ は時間の経過とともにその値を変える過渡項である．

もしも s_i が正の実数のときは，図 6.2 のように $e^{s_i t}$ は時間の経過とともに漸次増大し，ついには無限大になってしまう．このようなシステムは不安定であるという．ところが，s_i が負の実数のときは時間とともに次第に減少し，ついには 0 に漸近する．このようなシステムは安定である．

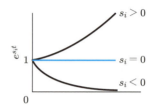

図 6.2　インパルス応答（s_i：実数）

一方，s_i が複素数の場合，これを実部と虚部に分けて

$$s_i = \alpha + j\beta$$

とする．複素極の場合，必ず共役対をなすはずなので，もう一つの極

$$s_j = \alpha - j\beta$$

が必ず存在する．このとき，対応するそれぞれの係数も共役複素数となることがわかっているので，

$$B_i = a + jb$$
$$B_j = a - jb$$

と書ける．そこで，共役複素極による二つの過渡項の和をとると，次のように与えられる．

$$\begin{aligned}
B_i e^{s_i t} + B_j e^{s_j t} &= (a+jb)e^{(\alpha+j\beta)t} + (a-jb)e^{(\alpha-j\beta)t} \\
&= e^{\alpha t}\{(a+jb)(\cos\beta t + j\sin\beta t) + (a-jb)(\cos\beta t - j\sin\beta t)\} \\
&= 2e^{\alpha t}(a\cos\beta t - b\sin\beta t)
\end{aligned}$$

三角関数の公式

$$A \cos C + B \sin C = \sqrt{A^2 + B^2} \cos\left(C + \tan^{-1}\frac{-B}{A}\right)$$

を用いて上式を書き換えると，次のようになる．

$$2\sqrt{a^2 + b^2}\, e^{\alpha t} \cos\left(\beta t + \tan^{-1}\frac{b}{a}\right) \tag{6.10}$$

式 (6.10) は，インパルス応答の過渡項が時間に対して実関数となることを明らかにしている．上式の時間関数は図 6.3 に示すように減衰振動波形で，その周波数は β の値で決まり，包絡線が減少していく形は α で決まる．α が負の場合，t が大きくなるに従い収束し安定となる．一般に式 (6.9) の過渡項は，たとえ大部分の項が早く収束しても，一つでも減衰の遅い項があればいつまでも残ることになる．

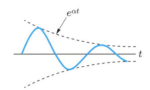

図 6.3　インパルス応答の減衰振動波形

このように，閉ループ伝達関数 $G_o(s)$ の分母 $A(s)$ の根，言い換えれば $G_o(s)$ の極 $s_1, s_2, \ldots, s_n$ がわかれば，インパルス応答 $g_o(t)$ が増大（不安定）するか，減衰（安定）するかが判別できる．

> **例題 6.1**　閉ループ伝達関数が
>
> $$G_o(s) = \frac{13}{s^2 + 6s + 13}$$
>
> で与えられるフィードバック制御系がある．インパルス応答を求めてこのシステムの安定性を論ぜよ．

解　$G_o(s)$ を因数分解し部分分数に展開すると次のようになる．

$$G_o(s) = \frac{13}{(s+3-j2)(s+3+j2)} = \frac{B_1}{s+3-j2} + \frac{B_2}{s+3+j2}$$

定数は

$$B_1 = \lim_{s \to -3+j2}[(s+3-j2)G_o(s)] = -j3.25$$

112 第 6 章　安定性

$$B_2 = \lim_{s \to -3-j2}[(s+3+j2)G_o(s)] = j3.25$$

で与えられる.

インパルス応答 $g_o(t)$ は

$$g_o(t) = \mathcal{L}^{-1}[G_o(s)]$$

より求められる. すなわち,

$$g_o(t) = -j3.25e^{(-3+j2)t} + j3.25e^{(-3-j2)t}$$
$$= e^{-3t}\{-j3.25(\cos 2t + j\sin 2t) + j3.25(\cos 2t - j\sin 2t)\}$$
$$= 6.5e^{-3t}\sin 2t$$

となる. 上式よりインパルス応答は e^{-3t} の減衰項があるので, 時間の経過とともに 0 に漸近する. したがって, この制御系は安定である. ■

6.1.2　特性方程式 • • • • • • • • • • • • • •

以上のことを要約すれば, 閉ループ伝達関数 $G_o(s)$ の極 s_i が

実数のとき　　　$s_i < 0$

複素数のとき　　$\mathrm{Re}[s_i] < 0$

であることが安定の必要十分条件である. このことは, **図 6.4** に示すように, 極 s_i が s 平面の左半平面にあることが安定の必要十分条件であるといってもよい. s_i が s 平面の虚軸上にあるときは安定と不安定の分かれ目であり, 安定限界と呼ばれる. このとき, インパルス応答は一定の振幅を保持し, 持続振動の状態にある.

例題 6.1 では, $G_o(s)$ の極 s_i とその点における留数の値がわかれば, インパルス応答 $g_o(t)$ を計算することができることを示した. その結果, 単にシステムが安定か不安定かの判別だけではなく, $g_o(t)$ の波形から応答の時間経過, すなわち過渡応答特性も知ることができる. このようにシステムの過渡応答は, 基本的には s_i が求まれば計算することができるが, いちいち計算しなくともその概形を知れば十分であることが多い. **図 6.5** は, s 平面上における s_i の位置とインパルス応答との関係を示す. 高次のシステムの場合, 極のうちでも虚軸から遠く離れているものは時間的に減衰も速く, 定数も小さいので過渡応答特性にあまり大きな影響を与えない. 実際には, 過渡応答特性を大局的に支配するのは原点に最も近い 1 個, あるいは 2 個の極である. s 平面上の極の位置によって過渡応答の大体の様子を知ることができる.

ところでこれまで, s_i については閉ループ伝達関数 $G_o(s)$ の極として取り扱ってき

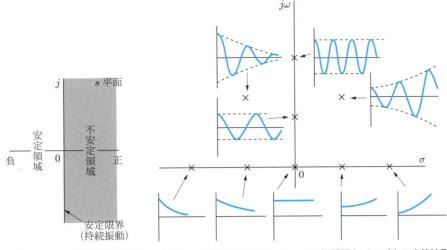

図 6.4　$G_o(s)$ の極配置と安定性　図 6.5　s 平面上における $G_o(s)$ の極配置とインパルス応答波形

たが，s_i は $G_o(s)$ の分母の根である．すなわち，s_i は

$$1 + G(s)H(s) = 0 \tag{6.11}$$

の根である．上式は特性方程式と呼ばれ，その根を特性根という．s_i を $G_o(s)$ の極とするこれまでの議論は，そのまま特性根と置き換えてもさしつかえない．したがって，虚軸に最も近い特性根（代表根）に着目すれば，過渡応答特性を評価することができる．

さて，システムの安定判別を行うとき，すべての特性根の実数および実部が負ならば安定である．ところが，特性方程式が高次の多項式になると特性根を求めるのが困難になる．特性根の値がわからなければ，過渡応答特性を算出することもできない．しかし，過渡応答の詳細は問わないことにして，最終的にシステムが安定かどうかを判別したり，安定限界を確かめることも大切である．そこで，特性根の値を求めることができなくても，システムの安定判別が可能な便法（安定判別法）が必要になってくる．

6.2　ラウス・フルビッツの安定判別法

いま，システムが安定か不安定かを見分ければよいというように問題を限れば，特性根の値そのものを求める必要はなく，すべての特性根が s 平面の左半平面にあるかどうかを判別できれば事足りる．ラウス（Routh）とフルビッツ（Hurwitz）により与えられた安定判別法は，この目的に役立つ手法である．ここでは，安定判別法を利用すればよいという立場から，証明抜きでラウス・フルビッツの安定判別法を示そう．

6.2.1 ラウスの安定判別法

ラウスは 1874 年に，特性方程式

$$a_0 s^n + a_1 s^{n-1} + a_2 s^{n-2} \cdots + a_{n-1} s + a_n = 0 \tag{6.12}$$

の係数 $a_0, a_1, a_2, \ldots, a_n$ から簡単な演算で導かれるある数列を作ったとき，この数列の符号が不安定根の存在を明らかにすることを示した．すなわち，特性方程式の係数を次のような配列に並べる．

$$
\begin{array}{c|cccc}
s^n & a_0 & a_2 & a_4 & a_6 \cdots \\
s^{n-1} & a_1 & a_3 & a_5 & a_7 \cdots \\
s^{n-2} & \dfrac{a_1 a_2 - a_0 a_3}{a_1} = b_1 & \dfrac{a_1 a_4 - a_0 a_5}{a_1} = b_2 & \dfrac{a_1 a_6 - a_0 a_7}{a_1} = b_3 & \cdots \\
s^{n-3} & \dfrac{b_1 a_3 - a_1 b_2}{b_1} = c_1 & \dfrac{b_1 a_5 - a_1 b_3}{b_1} = c_2 & \cdots & \\
s^{n-4} & \dfrac{c_1 b_2 - b_1 c_2}{c_1} = d_1 & \dfrac{c_1 b_3 - b_1 c_3}{c_1} = d_2 & \cdots & \\
\vdots & \vdots & \vdots & & \\
s^0 & & & &
\end{array}
$$

(6.13)

この配列を**ラウス配列**という．ラウスの安定判別法によれば，特性方程式の正の実部をもつ根の数は，ラウス配列の最初の列

$$a_0, \ a_1, \ b_1, \ c_1, \ d_1, \ldots$$

の正負の符号変化数に等しい．言い方を換えれば，システムが安定であるためにはラウス配列の最初の列で符号変化があってはならない．これが安定のための必要十分条件である．

例題 6.2 図 6.6 のブロック線図で示されるフィードバック制御系がある．このシステムの安定判別を行え．

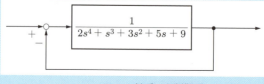

図 6.6　フィードバック制御系

> **解** まず，特性方程式を求める．

$$1 + G(s) = 1 + \frac{1}{2s^4 + s^3 + 3s^2 + 5s + 9} = 0$$

分母を払って式を整理すると，次の多項式が得られる．

$$2s^4 + s^3 + 3s^2 + 5s + 10 = 0$$

ラウス配列は次のようになる．

s_4	2	3	10
s^3	1	5	
s^2	$\dfrac{1 \times 3 - 2 \times 5}{1} = -7$	$\dfrac{1 \times 10 - 0}{1} = 10$	0
s^1	$\dfrac{(-7) \times 5 - 1 \times 10}{-7} = 6.43$	0	0
s^0	$\dfrac{6.43 \times 10 - (-7) \times 0}{6.43} = 10$		

ラウス配列の最初の列は

$$2,\ 1,\ -7,\ 6.43,\ 10$$

となる．ここで，

$1,\ -7$　　　符号変化（正符号 → 負符号）

$-7,\ 6.43$　　　符号変化（負符号 → 正符号）

なので 2 回の符号変化がある．したがって，特性方程式の根のうち二つが s 平面の右半平面にあることになり，このシステムは不安定といえる． ∎

6.2.2　フルビッツの安定判別法

次に，ラウスの安定判別法とは独立に，1895 年フルビッツにより与えられた行列式の数列による方法がある．なお，特性方程式の安定根の有無については，ラウスとフルビッツによる条件が数学的にはまったく同じであることがわかっている．

特性方程式

$$a_0 s^n + a_1 s^{n-1} + a_2 s^{n-2} + \cdots + a_{n-1} s + a_n = 0$$

の根がすべて負の実部をもつための必要十分条件は，(i) 〜 (iii) すべての条件を満足することである．

(i) 係数 $a_0, a_1, a_2, \ldots, a_{n-1}, a_n$ がすべて存在し
(ii) すべての係数が同符号で
(iii) 以下の行列式がすべて正であること（$a_0 > 0$ とする）．

$$D_1 = a_1, \ D_2 = \begin{vmatrix} a_1 & a_3 \\ a_0 & a_2 \end{vmatrix}, \ D_3 = \begin{vmatrix} a_1 & a_3 & a_5 \\ a_0 & a_2 & a_4 \\ 0 & a_1 & a_3 \end{vmatrix},$$

$$\ldots, D_{n-1} = \begin{vmatrix} a_1 & a_3 & a_5 & \cdots & a_{2n-3} \\ a_0 & a_2 & a_4 & \cdots & a_{2n-4} \\ 0 & a_1 & a_3 & \cdots & a_{2n-5} \\ 0 & a_0 & a_2 & \cdots & a_{2n-6} \\ 0 & 0 & a_1 & \cdots & a_{2n-7} \\ \vdots & \vdots & & & \\ 0 & 0 & 0 & \cdots & a_{n-1} \end{vmatrix} \tag{6.14}$$

例題 6.3 図 6.7 のサーボ系について，その安定条件を求めよ．ただし，K, T_a, T は正の定数で，A だけが変えられるものとする．

図6.7 サーボ系

解 特性方程式は

$$1 + G(s) = 1 + \frac{A}{1 + sT_a} \cdot \frac{K}{s(1 + sT)} = 0$$

なので，多項式は次のように表せる．

$$T_a T s^3 + (T_a + T)s^2 + s + AK = 0$$

フルビッツの安定判別法の条件 (i), (ii) は満足しているので，条件 (iii) について検討する．すなわち，次の行列式が正ならば安定である．

$$D_1 = T_a + T > 0$$

$$D_2 = \begin{vmatrix} T_a + T & AK \\ T_aT & 1 \end{vmatrix}$$

$$= T_a + T - AKT_aT > 0$$

D_1 は当然正なので満足している．$D_2 > 0$ を満足するためには，増幅器のゲイン A が

$$A < \frac{1}{K} \cdot \frac{T_a + T}{T_aT}$$

の条件を満たす必要がある．これがサーボ系の安定条件である． ■

　以上，ラウス・フルビッツの安定判別法を示したが，実際の自動制御においては，単に安定か不安定だけではなく安定の程度がどのくらいであるかという量的なことを知る必要がある．また，ラウス・フルビッツの方法では，特性方程式が多項式で与えられねばならない．しかし，実際には制御系を正確に式で表現できない場合も多い．
　そこで，周波数応答法に直結した方法として，次に述べるナイキスト（Nyquist）の安定判別法が有用である．

6.3　ナイキストの安定判別法

　ナイキストの安定判別法は，1932 年フィードバック増幅器の安定解析に関して考察されたものである．しかし，この理論が広くフィードバック制御系の安定解析にも適用でき有用であることがわかったのは，1940 年代になってからである．それ以来，フィードバック理論は急速に発展し，体系化が進んだ．図 6.1 で示される閉ループ系の安定判別法について述べる前に，開ループ伝達関数 $G(s)H(s)$ の極が s 平面の右半平面にない場合とある場合に分けて考える．

6.3.1　$G(s)H(s)$ の極が s 平面の右半平面にない場合

　まず，開ループ伝達関数 $G(s)H(s)$ そのものが不安定でない場合，すなわち $G(s)H(s)$ の極がすべて s 平面の虚軸を含む左半平面に存在する場合について考える．
　ナイキストの安定判別法は以下の手順で行う．

(i)　複素平面において，ω が $0 \sim +\infty$ の範囲に対する開ループ伝達関数 $G(s)H(s)$ のナイキスト線図（ベクトル軌跡）を描く．

(ii)　得られたナイキスト線図について，ω が $0 \sim +\infty$ まで増加する向きにたどるとき，点 $(-1, j0)$ をその左側にみれば安定，右側にみれば不安定である．

ところで，すでに 6.2 節で述べたように，フィードバック制御系が安定であるため

の必要十分条件は，その特性方程式

$$1 + G(s)H(s) = 0$$

のすべての根，すなわちすべての零点が s 平面の左半平面にあることであった．証明は省くが等角写像の理論により，$G(s)H(s)$ のナイキスト線図が点 $(-1, j0)$ を左にみるということは，特性方程式のすべての零点が s 平面の左半平面にあり，右半平面にはないことと 1 対 1 に対応している．

図 6.8 は，描かれたナイキスト線図を基に，ナイキストの安定判別法を適用する場合の例を示す．いずれの場合も，ω の増加する方向に着目して判定すればよいことがわかる．図 (c) はナイキスト線図が点 $(-1, j0)$ 上を通過している場合である．この場合，

$$G(j\omega)H(j\omega) = -1 \tag{6.15}$$

が成り立つ．上式をゲインと位相に分けて考えれば，

$$G(j\omega) = H(j\omega) = 1\angle -180° \tag{6.16}$$

と表現できる．この関係を満足する角周波数を ω_o とすれば，ω_o は持続振動周波数と呼ばれる．

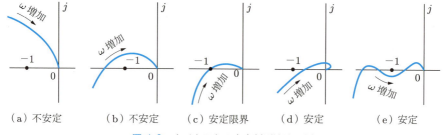

図 6.8 ナイキストの安定判別法適用例

さて，ナイキストの安定判別法のために $G(s)H(s)$ のナイキスト線図を描くものとすれば，$G(j\omega)H(j\omega)$ ($\omega = 0 \to +\infty$) の正確な軌跡は必ずしも必要としない．ナイキスト線図が点 $(-1, j0)$ を左にみるか右にみるかの判定のためには，ナイキスト線図の概形がわかれば目的を達することができる．そこで，とりあえず

$$\omega = 0, \quad \omega = \omega_\pi, \quad \omega = \infty$$

の点に着目してナイキスト線図を描けばよい．ただし，ω_π はナイキスト線図が複素平面の負の実軸（位相が π [rad]）を横切るときの角周波数であり，位相交差周波数と呼

ばれる.

たとえば，開ループ伝達関数が次のように与えられたとする.

$$G(s)H(s) = \frac{K}{(s+a)(s+b)(s+c)} \tag{6.17}$$

このナイキスト線図の概形を描いてみよう. $G(j\omega)H(j\omega)$ は

$$G(j\omega)H(j\omega) = \frac{K}{(j\omega+a)(j\omega+b)(j\omega+c)} \tag{6.18}$$

と表せる.

まず，ω が 0, ∞ のときの $G(j\omega)H(j\omega)$ のゲインと位相は次のようになる.

$$\lim_{\omega \to 0} |G(j\omega)H(j\omega)| = \frac{K}{abc}, \quad \lim_{\omega \to 0} \angle G(j\omega)H(j\omega) = 0° \tag{6.19}$$

$$\lim_{\omega \to \infty} |G(j\omega)H(j\omega)| = \lim_{\omega \to \infty} \left| \frac{K}{(j\omega)^3} \right| = 0,$$
$$\lim_{\omega \to \infty} \angle G(j\omega)H(j\omega) = \lim_{\omega \to \infty} \angle \frac{K}{(j\omega)^3} = -270° \tag{6.20}$$

次に，ω_π の値は

$$\mathrm{Im}\,[G(j\omega)H(j\omega)] = 0$$

を満たす ω を求めればよい. 式 (6.18) は

$$G(j\omega)H(j\omega) = \frac{K}{abc - (a+b+c)\omega^2 + j\omega(ab+bc+ca-\omega^2)} \tag{6.21}$$

と書けるので，ω_π は次のように得られる.

$$\omega_\pi = \sqrt{ab+bc+ca} \tag{6.22}$$

このときのゲイン $|G(j\omega)H(j\omega)|$ は，式 (6.21) に ω_π を代入すれば求められる. すなわち，

$$\rho = \frac{K}{abc - (a+b+c)(ab+bc+ca)} \tag{6.23}$$

となる.

したがって，ナイキスト線図の概形は図 6.9 で示される. 図で $|\rho| < 1$ の条件を満足するとき，この制御系は安定である.

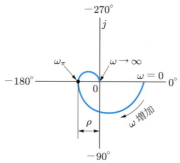

図 6.9 $\dfrac{K}{(s+a)(s+b)(s+c)}$ のナイキスト線図

> **例題 6.4** 開ループ伝達関数が
> $$G(s)H(s) = \frac{10}{s(s+1)(s+5)}$$
> で与えられるフィードバック制御系がある．ナイキスト線図の概形を描き，制御系の安定性について調べよ．

解 $G(j\omega)H(j\omega) = \dfrac{10}{j\omega(j\omega+1)(j\omega+5)} = \dfrac{10}{j\omega[(5-\omega^2)+j6\omega]}$

ゲインと位相は次のように求められる．

$$|G(j\omega)H(j\omega)| = \frac{10}{\omega\sqrt{(5-\omega^2)^2 + 36\omega^2}}$$

$$\angle G(j\omega)H(j\omega) = -90° - \tan^{-1}\frac{6\omega}{5-\omega^2}$$

まず，ω が $0, \infty$ のときの $G(j\omega)H(j\omega)$ のゲインと位相は

$$\lim_{\omega \to 0} |G(j\omega)H(j\omega)| = \infty, \quad \lim_{\omega \to 0} \angle G(j\omega)H(j\omega) = -90°$$

$$\lim_{\omega \to \infty} |G(j\omega)H(j\omega)| = 0, \quad \lim_{\omega \to \infty} \angle G(j\omega)H(j\omega) = \lim_{\omega \to \infty} \angle \frac{10}{(j\omega)^3} = -270°$$

である．ここで，$\omega \to 0$ のときナイキスト線図が漸近する実軸上の値 A を求めておく．すなわち，A は

$$A = \lim_{\omega \to 0} \mathrm{Re}\,[G(j\omega)H(j\omega)]$$

で与えられる．そこで，$G(j\omega)H(j\omega)$ を次のように変形する．

$$G(j\omega)H(j\omega) = \frac{-j\dfrac{10}{\omega}}{(5-\omega^2)+j6\omega} \cdot \frac{(5-\omega^2)-j6\omega}{(5-\omega^2)-j6\omega}$$

$$= -\frac{10}{\omega} \cdot \frac{6\omega + j(5-\omega^2)}{(5-\omega^2)^2 + 36\omega^2}$$

$G(j\omega)H(j\omega)$ の実部は

$$\mathrm{Re}\left[G(j\omega)H(j\omega)\right] = \frac{-60}{(5-\omega^2)^2 + 36\omega^2}$$

なので,$\omega \to 0$ にすると

$$A = -2.4$$

となる.

次に,ω_π の値は次式を満足する ω を求めればよい.

$$\mathrm{Im}\left[G(j\omega_\pi)H(j\omega_\pi)\right] = 0 \qquad \omega_\pi = \sqrt{5}$$

このときのゲイン ρ の値は

$$\rho = |G(j\omega_\pi)H(j\omega_\pi)| = \left|-\frac{60}{36 \times 5}\right| = 0.33$$

となる.

図 6.10 は,以上の結果を基にこの制御系のナイキスト線図の概形を描いたものである.その軌跡が点 $(-1, j0)$ を左にみるので安定である.このときのゲイン定数は 10 であったが,ゲインを大きくするに従い ρ が大きくなり,その軌跡は点 $(-1, j0)$ に近づくことになる.

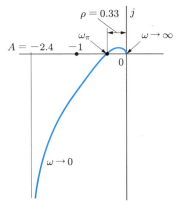

図 6.10　$\dfrac{10}{s(s+1)(s+5)}$ のナイキスト線図

例題 6.5 図 6.11 のむだ時間要素を含むフィードバック制御系について，安定限界となるゲイン定数 K_o の値を求めよ．また，そのときの持続振動周波数 ω_o の値はいくらか．

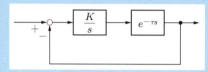

図 6.11　むだ時間要素を含むフィードバック制御系

解 開ループ伝達関数は

$$G(s) = \frac{Ke^{-\tau s}}{s}$$

である．安定限界のときのナイキスト線図の概形を，図 6.12 のように示す．

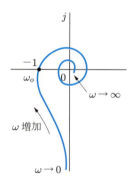

図 6.12　$\dfrac{Ke^{-\tau s}}{s}$ のナイキスト線図（安定限界）

まず，ω_o は次の関係より求められる．

$$G(j\omega_o) = -1 + j0 = -1, \quad \text{すなわち} \quad \frac{K_o e^{-j\tau\omega_o}}{j\omega_o} = -1$$

上式を解くとき，ゲインと位相に分けて考えよう．

$$|G(j\omega_o)| = \frac{K_o}{\omega_o} = 1$$

$$\phi(\omega_o) = -\omega_o\tau - \frac{\pi}{2} = -\pi$$

これらの関係より ω_o と K_o が求まる．

$$\omega_o = K_o = \frac{\pi}{2\tau}$$

6.3.2　$G(s)H(s)$ の極が s 平面の右半平面にある場合

これまで述べた例は，$G(s)H(s)$ の極が s 平面の右半平面にない場合であった．しかし，実際には開ループ伝達関数 $G(s)H(s)$ 自体は不安定であっても（$G(s)H(s)$ の極が s 平面の右半平面にある），これを閉ループ系にすることにより安定化を図る例がしばしばある．このような場合，ナイキストの安定判別法を次のように改めなければならない．これを，拡張ナイキストの安定判別法という．

> 不安定な開ループ伝達関数 $G(s)H(s)$ の極の総数を P とする．いま，ω が $-\infty$ から $+\infty$ まで変化するとき，$G(s)H(s)$ のナイキスト線図が点 $(-1, j0)$ を反時計方向に N 回まわるならば，この制御系が安定であるためには
>
> $N = P$
>
> でなければならない．

例題 6.6　図 6.13(a) に示すフィードバック制御系がある．システムの安定性について検討せよ．

図6.13　開ループ伝達関数が不安定な制御系

解　この制御系の開ループ伝達関数は

$$G(s) = \frac{K}{s-1}$$

であり，その極 $s = 1$ は s 平面の右半平面にある．すなわち，$G(s)$ そのものは不安定なシステムである．この場合，拡張ナイキストの安定判別法を適用する必要がある．

まず，$G(s)$ のナイキスト線図の概形を描くことにする．1 次遅れ要素のナイキスト線図の描き方（式 (5.31)）の類推から，この場合のナイキスト線図も円になることがわかる．今回はとくに，ω がそれぞれ $-\infty \sim 0^-$，$0^+ \sim +\infty$ についてゲインと位相を調べる必要がある．

$$G(j\omega) = \frac{K}{j\omega - 1} = \frac{K(-1-j\omega)}{1+\omega^2} = \frac{K}{\sqrt{1+\omega^2}} \angle \tan^{-1}\frac{-\omega}{-1}$$

$$\lim_{\omega \to -\infty} |G(j\omega)| = 0, \quad \lim_{\omega \to -\infty} \angle G(j\omega) = \tan^{-1}\frac{\infty}{-1} = 90°$$

$$\lim_{\omega \to 0^-} |G(j\omega)| = K, \quad \lim_{\omega \to 0^-} \angle G(j\omega) = \tan^{-1}\frac{-0^-}{-1} = 180°^-$$

ここで，$180°^-$ は $180° - \varepsilon$ を示す．$\varepsilon\ (>0)$ は限りなく小さいものとする．

$$\lim_{\omega \to 0^+} |G(j\omega)| = K, \quad \lim_{\omega \to 0^+} \angle G(j\omega) = \tan^{-1}\frac{-0^+}{-1} = 180°^+$$

$$\lim_{\omega \to +\infty} |G(j\omega)| = 0, \quad \lim_{\omega \to +\infty} \angle G(j\omega) = \tan^{-1}\frac{-\infty}{-1} = -90°$$

ここで，$180°^+$ は $180° + \varepsilon$ を示す．

以上の結果を基にしてナイキスト線図を描けば，図 6.14 のようになる．ゲイン K が $K > 1$，$K < 1$ の二つの場合に分けて考えよう．

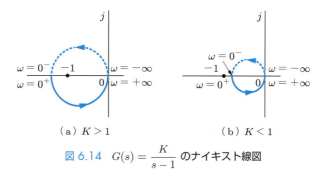

図 6.14 　$G(s) = \dfrac{K}{s-1}$ のナイキスト線図

　$K > 1$ の場合，ナイキスト線図は点 $(-1, j0)$ を反時計方向に 1 回まわっている（$N = 1$）．開ループ伝達関数の極の総数は $P = 1$ である．したがって，$N = P$ となり安定である．他方，$K < 1$ の場合 $N = 0$ なので $N \neq P$ となり不安定である．

　このように，開ループ伝達関数 $G(s)H(s)$ それ自体が不安定な場合，ゲイン K を大きくすると閉ループ系は安定になる．その物理的意味は次のように説明することができる．いま，図 6.13(b) は，図 (a) のブロック線図を等価変換したものである．図では，前向き要素としての積分要素の出力は，フィードバック要素 1 と K を経てそれぞれ正および負にフィードバックされている．$K > 1$ ならば負のフィードバックの効き方が大きいといえる．逆に $K < 1$ の場合，正のフィードバックが支配的といえよう．このことから，$K > 1$ にすると閉ループ系が安定化することが物理的にも理解できる． ■

6.4 安定度

　これまで，フィードバック制御系が安定か不安定かを判別する方法について述べて

きた．しかし，実際に制御系を実現するときには，どの程度安定かを定める必要がある．すなわち，十分安定なのか，それとも余裕がないのかなど定量的表現がないと設計することはできない．そこで，安定度の評価に使うため，まず安定余裕という考え方について述べる．

いま，開ループ伝達関数 $G(s)H(s)$ が次のように与えられているとする．

$$G(s)H(s) = \frac{K}{s(1+sT_1)(1+sT_2)}$$

図 6.15 は，開ループ伝達関数のゲイン K を変えてナイキスト線図の概形を描いたものである．図の ① のように点 $(-1, j0)$ のかなり内側，すなわち原点寄りを通っているならば，K の値を十分大きくしなければ閉ループ系は不安定にならない．これに対して，② のように点 $(-1, j0)$ のすぐ内側を通過しているとすれば，ゲイン K が何かの原因でわずかでも大きくなると点 $(-1, j0)$ を通り安定限界に達してしまう．したがって，ナイキスト線図を描けば，単に安定，不安定だけでなく安定に対する余裕も読み取ることができる．

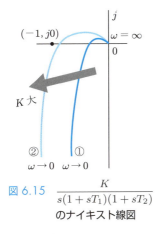

図 6.15 $\dfrac{K}{s(1+sT_1)(1+sT_2)}$ のナイキスト線図

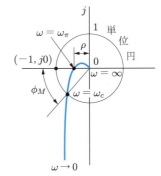

図 6.16 ナイキスト線図におけるゲイン余裕と位相余裕

安定余裕の定量的な表し方には，図 6.16 に示すように ρ と ϕ_M の二つがある．いずれの場合もナイキスト線図が点 $(-1, j0)$ より，どのくらい内側を通過しているかを定量的に示している．

まず，その軌跡が負の実軸を横切るときの開ループ伝達関数のゲイン $\rho = [G(s)H(s)]_{s=j\omega_\pi}$ が，1 より小さければ小さいほど安定ということができる．そこで，$1/\rho$ をゲイン余裕（GM：gain margin）と呼び，普通はこれを dB 単位で次のように表す．

$$\mathrm{GM} = 20\log\frac{1}{\rho} = -20\log\rho = -20\log[G(j\omega_\pi)H(j\omega_\pi)] \tag{6.24}$$

次に，見方を変えれば，ナイキスト線図が単位円と交わる点，すなわち開ループ伝達関数のゲインが 1 となる点の位相角で安定余裕を表すこともできる．ゲインが 1 となるときの角周波数 ω_c を**ゲイン交差周波数**と呼ぶ．ϕ_M が大きければ大きいほど，点 $(-1, j0)$ から遠ざかることになり安定度が増す．この位相角 ϕ_M を**位相余裕**（PM：phase margin）と呼ぶ．位相余裕は次のように表せる．

$$\mathrm{PM} = \phi_M = \pi + \angle G(j\omega_c)H(j\omega_c) \tag{6.25}$$

この安定余裕はあればあるほど良いというものではなく，速応性や定常偏差など他の性能との兼ね合い（トレードオフ）が必要なので，どの程度が良いか一概にはいえない．また，目的とする制御系によっても異なるが，それぞれの分野で経験的に望ましいとされる値が知られている．たとえば，サーボ系の場合，

$10\,\mathrm{dB} \leq \mathrm{GM} \leq 20\,\mathrm{dB}$

$40° \leq \mathrm{PM} \leq 60°$

が適当とされている．

一方，ゲイン余裕および位相余裕は図 6.17 に示すように，ボード線図上でも表現できる．図 6.16 における $\omega = \omega_c, \omega_\pi$ の点をそれぞれボード線図上に対応させると，ゲイン余裕 GM と位相余裕 PM が求められる．とくに，GM は直接 dB 表示で読み取ることができるので好都合である．

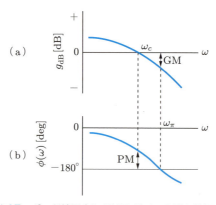

図 6.17　ボード線図上におけるゲイン余裕と位相余裕

例題 6.7　開ループ伝達関数が

$$G(s)H(s) = \frac{15.1}{(s+1)(s+2)(s+3)}$$

で与えられるフィードバック制御系がある．ナイキスト線図の概形を描き，ゲイン余裕 GM と位相余裕 PM を求めよ．ただし，ゲイン交差周波数は $\omega_c = 1.5\,\mathrm{rad/s}$ である．

解
$$G(j\omega)H(j\omega) = \frac{15.1}{(j\omega)^3 + 6(j\omega)^2 + 11(j\omega) + 6}$$
$$= \frac{15.1}{(6 - 6\omega^2) + j\omega(11 - \omega^2)}$$

ナイキスト線図の概形は図 6.18 のように描ける．まず，ω_π を求める必要がある．

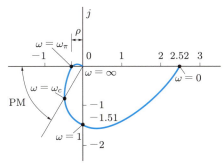

図 6.18　$\dfrac{15.1}{(s+1)(s+2)(s+3)}$ のナイキスト線図

ω_π は $G(j\omega)H(j\omega)$ の虚部を 0 とすることにより，次のように求まる．

$$11\omega_\pi - \omega_\pi{}^3 = 0, \quad \omega_\pi = \sqrt{11}$$

$\omega = \omega_\pi$ におけるゲイン ρ は，

$$|G(j\omega_\pi)H(j\omega_\pi)| = \frac{15.1}{60}$$

となる．したがって，ゲイン余裕 GM は式 (6.24) より

$$\mathrm{GM} = 20\log\frac{1}{\rho} = 20\log 3.97 = 12\,\mathrm{dB}$$

と求められる．
次に，開ループ伝達関数の位相 $\phi(\omega)$ は次のように表せる．

$$\phi(\omega) = \angle G(j\omega)H(j\omega) = \angle \frac{1}{1+j\omega} + \angle \frac{1}{2+j\omega} + \angle \frac{1}{3+j\omega}$$

$$= -\left(\tan^{-1}\omega + \tan^{-1}\frac{\omega}{2} + \tan^{-1}\frac{\omega}{3}\right)$$

$\omega_c = 1.5\,\mathrm{rad/s}$ であることがわかっているので，上式に代入すれば

$$\phi(\omega_c) = -(0.983 + 0.644 + 0.464) = -2.09\,\mathrm{rad} = -120°$$

を得る．したがって，位相余裕 PM は

$$\mathrm{PM} = 180° + \phi(\omega_c) = 60°$$

と求められる．

演習問題

6.1 図 6.19 のフィードバック制御系について，次の問いに答えよ．

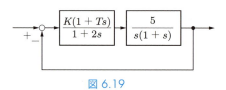

図 6.19

(1) この制御系が安定であるためには，ゲイン K，時定数 T にどのような関係があればよいか．
(2) $K \to \infty$ としてもこの系が安定であるためには，T をどのように選べばよいか．

6.2 開ループ伝達関数が

$$G(s) = \frac{K}{s(1+sT_1)(1+sT_2)(1+sT_3)}$$

で与えられる閉ループ系について，ナイキスト線図の概形を描け．その際，軌跡が負の実軸，正の虚軸を横切るときの角周波数の値を明示せよ．

6.3 図 6.20 の制御系が安定限界となる，ゲイン K_o および持続振動周波数 ω_o の値を求めよ．また，そのときのナイキスト線図の概形を示せ．

6.4 開ループ伝達関数が

$$G(s) = \frac{Ke^{-Ls}}{s}$$

で与えられる閉ループ系において，位相余裕 PM を

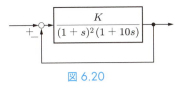

図 6.20

$$20° \leq \mathrm{PM} \leq 50°$$

とするための KL の条件を求めよ．

6.5 　図 6.21 のフィードバック制御系について，$\tau = 0$ および $\tau = 0.2\,\mathrm{s}$ のときのボード線図を描き，それぞれの位相余裕を求めよ．ただし，$\omega = 2.46\,\mathrm{rad/s}$ のとき，$|G(j\omega)H(j\omega)| = 1$ とする．

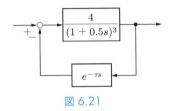

図 6.21

速応性と定常特性

7.1 時間特性

前章ではフィードバック制御系の安定性について述べた．制御系設計に際しては，何よりもまず安定であることが要求されるが，次に示す過渡特性と定常特性の要件も当然考えに入れる必要がある．

(i) 過渡状態においては制御対象の出力と目標値との間の偏差を速やかに減らすこと，すなわち速応性を考慮する必要がある．また，行き過ぎが発生した場合にはこれを少なくし，速やかに最終値に近づくようにすること，すなわち減衰性が問題になる．減衰性については，すでに2次系の減衰率として知られているζが一つの目安になっている．

(ii) 定常状態においては（理論的には$t \to \infty$），制御対象の出力と目標値との間の偏差（定常偏差）を0に近づけることが要求される．

以下に，この過渡特性と定常特性について説明する．

7.1.1 過渡特性

フィードバック制御系の時間応答を直観的に把握するには，ステップ応答が適しておりよく用いられる．

そこで，閉ループ伝達関数$G_o(s)$が次式で与えられる制御系（図7.1）のステップ応答を調べてみよう．

$$G_o(s) = \frac{C(s)}{R(s)} = \frac{G(s)}{1+G(s)} \tag{7.1}$$

なお，このように$H(s) = 1$の場合を直結フィードバック系という．実際には，$H(s)$があったとしてもブロック線図の等価変換によりこのような形にすることができるので，$H(s) = 1$としても一般性を失わない．

ステップ応答$c(t)$は

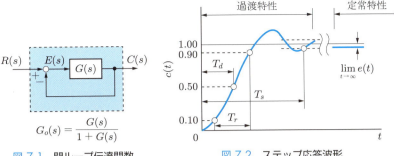

図 7.1　閉ループ伝達関数　　図 7.2　ステップ応答波形

$$c(t) = \mathcal{L}^{-1}[C(s)] = \mathcal{L}^{-1}\left[G_o(s) \cdot \frac{1}{s}\right] \tag{7.2}$$

と求められる．いま，$G_o(s)$ の極

$$s_1, s_2, \ldots, s_n$$

がわかっているものとすれば，

$$C(s) = G_o(s) \cdot \frac{1}{s} = \frac{1}{s} + \sum_{i=1}^{n} \frac{A_i}{s - s_i} \tag{7.3}$$

である．したがって，ステップ応答は次のように求められる．

$$c(t) = 1 + \sum_{i=1}^{n} A_i e^{s_i t} \tag{7.4}$$

　問題とする制御系は安定であることを前提としているので，上式右辺第 2 項の s_i の実部はすべて負である．このため，とくに実部の絶対値が大きい項は速やかに減衰してしまうので，応答波形の大勢にあまり影響を与えない．そこで，たとえ n 個の極をもつ n 次の制御系であっても，実際に応答波形に影響を与えるのは，虚軸に近い極である．したがって，時間応答の点からいえば，次数の高い制御系であっても，その応答波形は低次の制御系で近似できることになる．

　普通，フィードバック制御系のステップ応答波形は，図 7.2 のように表される．ここで，過渡特性としての速応性や減衰性を定量的に表現するものとして，次のような時間が用いられている．

　　T_d：遅れ時間
　　T_r：立上り時間
　　T_s：整定時間

132 第7章 速応性と定常特性

遅れ時間 T_d はステップ応答が最終値の 50%にまで達する時間，立上り時間 T_r はステップ応答が最終値の 10%に達してから 90%の値に達するまでの経過時間を示す．T_d と T_r は，フィードバック制御系の速応性を直接表現する量と考えてよい．

一方，整定時間 T_s はステップ応答が最終値の ±5%以内におさまるまでに必要とされる時間を示す．ステップ応答の行き過ぎ量 O_s が大きいときは，T_d と T_r は小さくなり速応性に限れば良い特性といえる．しかし，この場合はなかなか最終値に落ち着かない．これは減衰性の点からは望ましくない．整定時間は，速応性だけではなく減衰性も含めた量としての意味があり，速応性と減衰性の両方により決まる量である．

7.1.2 定常特性 ・・・・・・・・・・・・・・・・・・・・・・・

フィードバック制御系において，目標値の変化があったり，あるいは外乱が加わったりすれば，これらの信号により当然制御量の変化を生じる．理想的には目標値と制御量は一致するのが望ましいが，現実には図 7.2 の過渡特性で示されるように目標値としての単位ステップ入力と，制御量としてのステップ応答は一致しない．このような過渡状態はともかくとしても，十分時間が経過した定常状態になっても残る制御偏差がある．これを，定常偏差あるいはオフセットという．ロボットマニピュレータの位置制御などにおいては，定常偏差がそのまま制御系の精度を支配する量となる．また，コンピュータシステムを構成するハードディスクのアクセスに際しては，高速であるとともに位置決めの精度も強く要求される．

定常偏差は，定常状態における目標値 $r(t)$ と制御量 $c(t)$ の差として，次のような時間領域表現で与えられる．

$$\lim_{t \to \infty} e(t) = \lim_{t \to \infty} \{r(t) - c(t)\} \tag{7.5}$$

いま，われわれは s 領域で扱っているので，$e(t)$ は $E(s)$ のラプラス逆変換，すなわち $\mathcal{L}^{-1}[E(s)]$ を計算することにより求めなければならない．せっかく s 領域の取り扱いを行っているのだから，s 領域のままで定常偏差を求めたい．そこで，3.5.2 項で述べたラプラス変換の定理の中で，最終値の定理を利用すればよい．その結果，定常偏差は

$$\lim_{t \to \infty} e(t) = \lim_{s \to 0} sE(s)$$

と s 領域で表せる．

7.2 速応性

7.2.1 過渡特性と周波数特性の関係

図 7.1 に示すフィードバック制御系の速応性を直接表す量として，過渡特性上の遅れ時間 T_d，立上り時間 T_r を挙げた．これらの量は時間特性であるが，当然制御系の周波数特性とも密接な関係があるはずである．この関係が明らかになっていると制御系設計の際，与えられる仕様が時間領域か周波数領域かを問わないので大変好都合である．

そこで，図 7.3 の実線で表している任意の閉ループ周波数特性 $G_o(j\omega)$ が，同図破線のような遮断周波数 ω_b の理想低域フィルタ特性で表せるものとしよう．このとき，ω_b はゲインが最大値の $1/\sqrt{2} = 0.707$ になる角周波数を示す．ゲイン特性において，$\omega \leq \omega_b$ では $|G_o(j\omega)| = 1$ であり，ω がそれ以上高くなると急激に 0 になる．また，位相特性は ω に対して比例するものと仮定する．

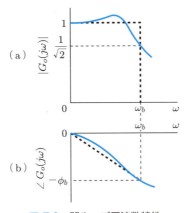

図 7.3 閉ループ周波数特性

このような特性をもつ理想フィルタは現実には存在しないが，図 7.3 の太い破線の理想特性を仮定すると，その閉ループ周波数伝達関数 $G_o(j\omega)$ は次のように表現される．

$$G_o(j\omega) = \begin{cases} e^{-j\omega\tau_0} & 0 \leq \omega \leq \omega_b \\ 0 & \omega > \omega_b \end{cases} \quad (7.6)$$

ただし，$\tau_0 = \phi_b/\omega_b$ である．

この理想フィルタのステップ応答は，理論的には

$$c(t) = \mathcal{L}^{-1}\left[G_o(s) \cdot \frac{1}{s}\right]$$

を解けば求まるが，計算の途中はいくぶん複雑なので省き結果だけを示すと，次のようになる．

$$c(t) = \frac{1}{2} + \frac{1}{\pi}\mathrm{Si}\{\omega_b(t-\tau_0)\} \tag{7.7}$$

ここで，$\mathrm{Si}\{x\}$ は積分正弦関数で

$$\mathrm{Si}\{x\} = \int_0^x \frac{\sin\xi}{\xi}d\xi = \int_0^x \left(1 - \frac{\xi^2}{3!} + \frac{\xi^4}{5!} - \cdots\right)d\xi$$

を表す．$\mathrm{Si}\{x\}$ の値は，右辺の級数から必要な精度まで求めることができる．式 (7.7) において $t=\tau_0$ のとき，積分正弦関数は $\mathrm{Si}\{0\}=0$ となるのでステップ応答は

$$c(\tau_0) = \frac{1}{2}$$

と与えられる．先に，ステップ応答が最終値の 1/2 に達する時間を遅れ時間 T_d と定義した．したがって，次式が成り立つことがわかる．

$$T_d = \tau_0 = \frac{\phi_b}{\omega_b} \tag{7.8}$$

式 (7.7) を計算した結果の概形を描くと，図 7.4 に示すようになる．この波形は理想フィルタ特性を仮定した結果得られたものなので，当然現実の波形とは異なる点がみられる．

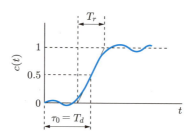

図 7.4 理想フィルタのステップ応答

さて，$t=\tau_0$ の時点において，$c(t)$ に引いた接線が $c(t)=0$，$c(t)=1$ と交わる点を求めてみよう．直線近似なので，積分正弦関数は級数の第 1 項だけをとればよい．したがって，式 (7.7) の $c(t)$ は

$$c(t) = \begin{cases} 0 & t = \tau_0 - \dfrac{\pi}{2\omega_b} \\ 1 & t = \tau_0 + \dfrac{\pi}{2\omega_b} \end{cases} \tag{7.9}$$

となる．ただし，$\text{Si}\{x\} = x$ なので，次式を得る．

$$\text{Si}\left\{-\frac{\pi}{2}\right\} = -\frac{\pi}{2}, \quad \text{Si}\left\{\frac{\pi}{2}\right\} = \frac{\pi}{2}$$

式 (7.9) で示されるように，$c(t) = 0$，$c(t) = 1$ と交わる 2 点は，時間にすると π/ω_b だけ離れていることがわかる．先に述べた立上り時間の定義とは多少異なるが，これを立上り時間の近似値とすれば，

$$T_r = \frac{\pi}{\omega_b} \tag{7.10}$$

と表せる．

ここで得られた式 (7.8) と式 (7.10) は，問題とする制御系の周波数特性上の帯域幅が広ければ広いほど，時間特性上では速い応答に対応することを示している．このことは物理的意味を考えると納得のいく結論である．

以上の結果，閉ループ周波数特性上の遮断周波数 ω_b と，ω_b における位相角 ϕ_b がわかれば，対応するステップ応答の遅れ時間 T_d と立上り時間 T_r の概略値を知ることができる．

例題 7.1 閉ループ伝達関数が

$$G_o(s) = \frac{1}{s^2 + 0.8s + 1}$$

である制御系のゲイン特性と位相特性を，図 7.5 に示す．この図を利用して，この制御系のステップ応答の遅れ時間 T_d と立上り時間 T_r の概略値を求めよ．

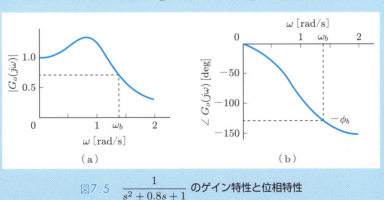

図 7.5 　$\dfrac{1}{s^2 + 0.8s + 1}$ のゲイン特性と位相特性

解 図より ω_b と $-\phi_b$ についておおよその値を読み取ると，$\omega_b = 1.4\,\text{rad/s}$，$-\phi_b = -129° = -2.25\,\text{rad}$ となる．この値を用いると，T_d と T_r の概略値はそれぞれ次のように求められる．

$$T_d = \frac{\phi_b}{\omega_b} = \frac{2.25}{1.4} = 1.6\,\mathrm{s}$$
$$T_r = \frac{\pi}{\omega_b} = 2.2\,\mathrm{s}$$

一方,次のラプラス逆変換

$$c(t) = \mathcal{L}^{-1}\left[\frac{1}{s^2 + 0.8s + 1} \cdot \frac{1}{s}\right]$$

を計算することにより得られたステップ応答を,図 7.6 に示す.この計算結果を,閉ループ周波数特性上の ω_b と ϕ_b から簡易に求められた T_d と T_r の概略値と比較してみると,大体において合っていることがわかる.

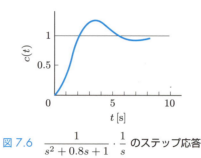

図 7.6　$\dfrac{1}{s^2 + 0.8s + 1} \cdot \dfrac{1}{s}$ のステップ応答

この例では,与えられた閉ループ伝達関数が 2 次の場合なので,$c(t) = \mathcal{L}^{-1}\left[G_o(s) \cdot \dfrac{1}{s}\right]$ の計算が比較的容易である.しかし,高次の場合その計算はかなり煩雑になる.このようなときでも,ω_b と ϕ_b に着目した T_d および T_r の概略値の簡易な算出法は有効であり,まずおおまかにステップ応答の大局をつかむのに威力を発揮する.　■

7.2.2　ニコルス線図

図 7.1 で示される閉ループ制御系において,T_d および T_r によって代表される過渡応答特性の概略は,閉ループ周波数特性 $G_o(j\omega)$ の形から推定できることがわかった.ところで,閉ループ制御系の安定性を論ずる際,わざわざ閉ループ伝達関数 $G_o(s)$ について検討しなくとも,開ループ伝達関数 $G(s)$ が与えられていれば,そのナイキスト線図やボード線図を描くことにより,閉ループ系の安定性を知ることができた.これと同様に,閉ループ系の過渡応答特性についても,開ループ伝達関数から簡単に求められれば,設計上大変便利である.

そこで,ナイキスト線図の場合についてこの種の目的に合う方法を考えてみよう.

いま,閉ループ周波数伝達関数を次のように表現することにする.

$$G_o(j\omega) = \frac{G(j\omega)}{1 + G(j\omega)} = M\angle\phi \tag{7.11}$$

ただし，

$$M = \left| \frac{G(j\omega)}{1 + G(j\omega)} \right|$$

$$\phi = \angle \frac{G(j\omega)}{1 + G(j\omega)}$$

とする．ここで，開ループ周波数伝達関数 $G(j\omega)$ は一般的に複素数で表現できる．

$$G(j\omega) = u + jv$$

$G(j\omega)$ が与えられているものとして，これを式 (7.11) に代入すると

$$G_o(j\omega) = \frac{u + jv}{(1 + u) + jv} \tag{7.12}$$

を得る．$G_o(j\omega)$ のゲインと位相はそれぞれ次のように表せる．

$$M = \sqrt{\frac{u^2 + v^2}{(1 + u)^2 + v^2}} \tag{7.13}$$

$$\phi = \tan^{-1} \frac{v}{u} - \tan^{-1} \frac{v}{1 + u} = \tan^{-1} \frac{v}{u^2 + u + v^2} \tag{7.14}$$

ただし，次の三角関数の公式を用いた．

$$\tan^{-1} A - \tan^{-1} B = \tan^{-1} \frac{A - B}{1 + AB}$$

式 (7.13) は次のような円の方程式に変形できる．

$$\left(u - \frac{M^2}{1 - M^2} \right)^2 + v^2 = \left(\frac{M}{1 - M^2} \right)^2 \tag{7.15}$$

u を実軸，v を虚軸とする複素平面上で，円の中心は

$$u = \frac{M^2}{1 - M^2}, \quad v = 0$$

である．

　そこで，図 7.7 のように複素平面上に，あらかじめ M の値をパラメータとして式 (7.15) を描いておくことにする．このような M 一定の軌跡を M 軌跡という．M 軌跡が描かれたこの複素平面上に $G(j\omega)$ のナイキスト軌跡を作図し，M 軌跡との交点を読み取れば，閉ループ系のゲイン特性 $M = |G_o(j\omega)|$ を知ることができる（図 7.8）．いま，与えられた開ループ周波数伝達関数 $G(j\omega)$ が

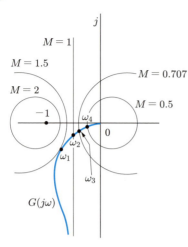

図 7.7　M 軌跡上の $G(j\omega)$ 作図

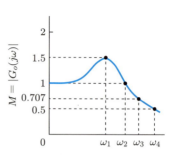

図 7.8　閉ループ系のゲイン特性

$$G(j\omega) = \left\{\frac{K}{s(s+T)}\right\} s = j\omega \tag{7.16}$$

とする．ゲイン K を変えて M 軌跡上に $G(j\omega)$ を描いてみれば $|G_o(j\omega)|$ の値を知ることができるので，設計目標として与えられる $|G_o(j\omega)|$ を満足する K の値を見つけることが容易となる．

一方，位相についても同様な考え方をすることができる．すなわち，式 (7.14) の両辺について tan をとると，次のようになる．

$$u^2 + v^2 + u - \frac{v}{N} = 0$$

ただし，$\tan\phi = N$ とする．上式は次のような円の方程式に変形できる．

$$\left(u + \frac{1}{2}\right)^2 + \left(v - \frac{1}{2N}\right)^2 = \frac{1}{4}\left(\frac{N^2+1}{N^2}\right) \tag{7.17}$$

複素平面上にあらかじめ N をパラメータとして描かれた N 一定の軌跡を，ϕ 軌跡あるいは N 軌跡という．その使い方は M 軌跡と同様である．

このように，M および N 軌跡上に $G(j\omega)$ のナイキスト線図を描けば，開ループ特性だけから閉ループ特性を設計することができるので便利である．しかし，ナイキスト線図（ベクトル軌跡）を描くよりも，ゲイン g_{dB} と位相 $\phi(\omega)$ と分けて考えたほうが好都合の場合がある．そこで，縦軸をゲイン，横軸を位相として表現するゲイン位相線図に，あらかじめ M および N 軌跡を描き込んでおくとする．このような図をニコルス線図（図 7.9）という．使用するときは，開ループ周波数伝達関数 $G(j\omega)$ の ω を

7.2 速応性

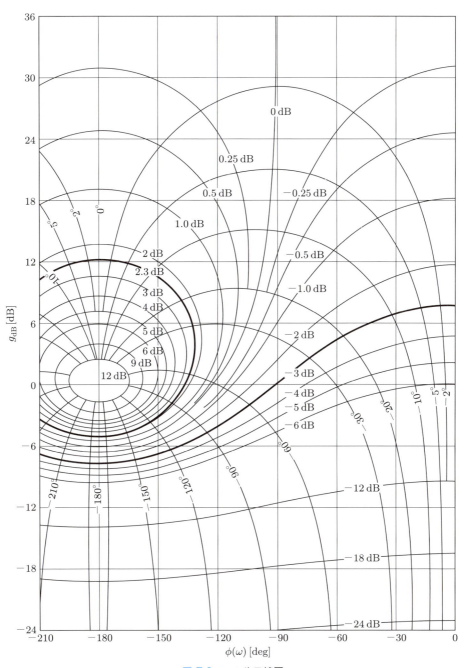

図 7.9 ニコルス線図

変えたときの軌跡を描けばよい．$G(j\omega)$ の軌跡と，M 軌跡，N 軌跡との交点を読み取れば，閉ループ系の周波数特性を知ることができる．図 7.9 のニコルス線図上の太線 $M = -3\,\mathrm{dB}$，および $2.3\,\mathrm{dB}$ は，それぞれ $M = 0.707$，および 1.3 に対応している．

例題7.2 図7.10 で与えられる閉ループ制御系について，ニコルス線図を用いてそのステップ応答の遅れ時間 T_d と立上り時間 T_r の概略値を求めよ．

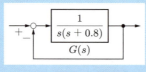

図7.10 閉ループ制御系

解 開ループ伝達関数

$$G(s) = \frac{1}{s(s+0.8)}$$

のニコルス線図は，図7.11 のように角周波数 ω をパラメータとして描くことができる．$G(j\omega)$ の軌跡が M，N 軌跡と交わる点を読み取れば，閉ループ周波数特性を知ることができる．すなわち，$\omega = 1.4\,\mathrm{rad/s}$ のとき $M = -3\,\mathrm{dB}$ 軌跡と交わるので，$\omega = 1.4$ は閉ループ系の遮断周波数 ω_b を与える．このときの閉ループ系の位相は，N 軌跡からおおよそ $\phi_b = 130°$ (2.27 rad) と読み取れる．ω_b と ϕ_b が得られれば，式 (7.8)，(7.10) に代入することにより T_d と T_r が求められる．この閉ループ系の伝達関数は

$$G_o(s) = \frac{G(s)}{1+G(s)} = \frac{1}{s^2 + 0.8s + 1}$$

であり，例題 7.1 で与えた閉ループ伝達関数と同じである．したがって，当然 T_d と T_r は一致する．ニコルス線図を使用すると，開ループ特性が与えられれば，閉ループ特性を知ることができる．

なお，描いたニコルス線図は $M = 2.3\,\mathrm{dB}$ の軌跡と接しているので，閉ループ系のゲインの最大値 M_p が約 $M_p = 1.3$ であることもわかる．これも，例題 7.1 の図 7.5 のゲイン特性の最大値と大体一致している． ∎

7.3 定常偏差

図 7.12 で示されるようなフィードバック制御系において，目標値 $R(s)$ の変化や外乱 $D(s)$ が加わると当然，制御量 $C(s)$ に変化が現れる．そのため，目標値と制御量との間に差が生じることになる．したがって，定常偏差は次のように表せる．

$$\lim_{t \to \infty}\{r(t) - c(t)\} = \lim_{s \to 0} s\{R(s) - C(s)\} \tag{7.18}$$

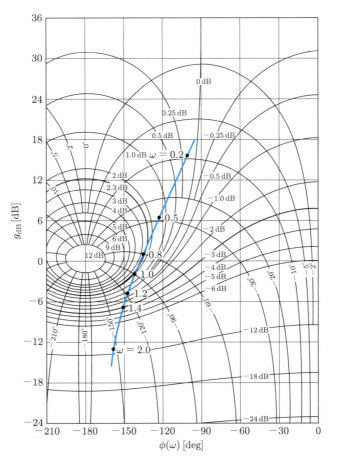

図 7.11 $G(s) = \dfrac{1}{s(s+0.8)}$ のニコルス線図（例題 **7.2**）

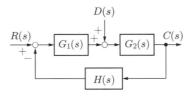

図 7.12 フィードバック制御系

目標値や外乱がどのような一般的関数であっても，基本的には上式を解けば定常偏差を求めることができる．しかし，普通は目標値や外乱を単位ステップ入力，単位ランプ入力，加速度入力の代表的関数に選び検討すれば，大体は間に合う．また，図 7.12 ではフィードバック要素 $H(s)$ があるが，ブロック線図の等価変換により直結フィード

バック系にすることができる．したがって，説明を簡単にするため，以後直結フィードバック系について検討する．

7.3.1 目標値の変化に対する定常偏差

図 7.12 に示す制御系で，外乱 $D(s) = 0$, $H(s) = 1$ の場合を考えよう．すなわち，図 7.13 の直結フィードバック系において偏差は

$$E(s) = R(s) - C(s) = \frac{R(s)}{1 + G(s)} \tag{7.19}$$

で与えられる．定常偏差は

$$\lim_{t \to \infty} e(t) = \lim_{s \to 0} sE(s) = \lim_{s \to 0} s\frac{R(s)}{1 + G(s)} \tag{7.20}$$

となる．

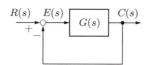

図 7.13　直結フィードバック制御系

開ループ伝達関数 $G(s)$ は一般に次のように書ける．

$$G(s) = \frac{K(1+sT_1')(1+sT_2')\cdots(1+sT_m')}{s^j(1+sT_1)(1+sT_2)\cdots(1+sT_n)} \tag{7.21}$$

定常偏差の値は目標値 $r(t)$ の形によっても異なるが，開ループ伝達関数 $G(s)$ の形，すなわち $s = 0$ における $G(s)$ の極の次数 j によって大きく影響を受ける．そこで，便宜上 $G(s)$ を次のような形に分けて考える．

$j = 0$ の場合　　0 形の制御系
$j = 1$ の場合　　1 形の制御系
$j = 2$ の場合　　2 形の制御系
　　⋮　　　　　　　⋮
$j = n$ の場合　　n 形の制御系

以下に，目標値 $r(t)$ の三つの形に対する定常偏差を求めてみよう．

(1) 定常位置偏差

目標値が単位ステップ入力のときの定常偏差を，定常位置偏差という．定常位置偏

7.3 定常偏差 **143**

差 ε_p は，式 (7.20) に $R(s) = 1/s$ と式 (7.21) を代入すれば次のように求まる．

$$\varepsilon_p = \lim_{s \to 0} s \frac{1}{1 + G(s)} \cdot \frac{1}{s} = \lim_{s \to 0} \frac{1}{1 + \dfrac{K}{s^j}} \tag{7.22}$$

上式において，$G(s)$ が何形の制御系かによって ε_p は異なる．すなわち，

$$j = 0 \text{ のとき} \qquad \varepsilon_p = \frac{1}{1 + K} \tag{7.23a}$$

$$j \geq 1 \text{ のとき} \qquad \varepsilon_p = 0 \tag{7.23b}$$

となる．0 形の制御系の場合，定常偏差は存在するが，ゲイン定数 K を大きくすればするほど偏差を小さくすることができる．

(2) 定常速度偏差

目標値が単位ランプ入力のときの定常偏差を，定常速度偏差という．定常速度偏差 ε_v は $R(s) = 1/s^2$ とすれば次のように求まる．

$$\varepsilon_v = \lim_{s \to 0} s \frac{1}{1 + G(s)} \cdot \frac{1}{s^2} = \lim_{s \to 0} \frac{1}{s + \dfrac{K}{s^{j-1}}} \tag{7.24}$$

$$j = 0 \text{ のとき} \qquad \varepsilon_v = \infty \tag{7.25a}$$

$$j = 1 \text{ のとき} \qquad \varepsilon_v = \frac{1}{K} \tag{7.25b}$$

$$j = 2 \text{ のとき} \qquad \varepsilon_v = 0 \tag{7.25c}$$

0 形の制御系の場合，単位ランプ入力を閉ループ系に加えると制御量は発散することになるので，実際には使えないことがわかる．

(3) 定常加速度偏差

目標値が加速度入力 $(r(t) = t^2/2)$ のときの定常偏差を，定常加速度偏差という．定常加速度偏差 ε_a は $R(s) = 1/s^3$ とすれば次のように求まる．

$$\varepsilon_a = \lim_{s \to 0} s \frac{1}{1 + G(s)} \cdot \frac{1}{s^3} = \lim_{s \to 0} \frac{1}{s^2 + \dfrac{K}{s^{j-2}}} \tag{7.26}$$

$$j = 0 \text{ のとき} \qquad \varepsilon_a = \infty \tag{7.27a}$$

$$j = 1 \text{ のとき} \qquad \varepsilon_a = \infty \tag{7.27b}$$

$j = 2$ のとき $\quad \varepsilon_a = \dfrac{1}{K}$ (7.27c)

なお，ここで定常位置偏差，定常速度偏差，定常加速度偏差という言葉を使っているが，これは入力の形が位置や速度，加速度のような形をしていることからきているにすぎない．偏差量として直接，位置や速度，加速度を意味するものではない．一般に，物理量としては何を扱ってもよい．

以上 (1)，(2)，(3) の結果を要約すれば次のようにいえる．

(i) 開ループ伝達関数 $G(s)$ の積分の次数が大きいほど，定常偏差は小さくなる．すなわち，0形の制御系よりは1形のほうが，1形の制御系よりは2形の制御系のほうが定常偏差が小さい．ただし，積分の次数が大きくなるということは，それだけ位相が遅れることになるので安定度が悪くなる．
(ii) 定常偏差は目標値入力の形に依存する．ステップ入力の場合よりはランプ入力のほうが，ランプ入力の場合よりは加速度入力のほうが定常偏差は大きい．
(iii) いずれにせよ，開ループ伝達関数のゲイン定数 K が大きいほど定常偏差は小さい．ただし，ゲイン定数 K を大きくすると普通は安定度が悪くなる．

例題7.3 図7.14のフィードバック制御系が安定で，かつ定常位置偏差が 0.1 以下となるようにゲイン定数 K を定めよ．

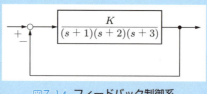

図7.14 フィードバック制御系

解 一般に，フィードバック制御系が安定であるためにはゲイン定数 K が小さいほうがよい．一方，定常位置偏差を小さくするには K が大きいほどよい．そこで，ちょうどよいゲイン定数の値があるはずである．ないときは，そのような制御系は設計できないことになる．

まず，フルビッツの安定判別法を使ってシステムが安定となる K の範囲を求めてみよう．特性方程式 $1 + G(s) = 0$ の分母を払って式を整理すると，多項式

$$s^3 + 6s^2 + 11s + 6 + K = 0$$

が得られる．K の範囲は次のように与えられる．

$$D = \begin{vmatrix} a_1 & a_3 \\ a_0 & a_2 \end{vmatrix} = \begin{vmatrix} 6 & 6+K \\ 1 & 11 \end{vmatrix} = 66 - (6+K) > 0$$

すなわち，

$$K < 60$$

一方，定常位置偏差 ε_p は 0.1 以下なので次式が成り立つ.

$$\varepsilon_p = \lim_{s \to 0} s \frac{1}{1+G(s)} \cdot \frac{1}{s} = \frac{1}{1 + \dfrac{K}{6}} \le 0.1$$

すなわち，

$$K \ge 54$$

となる．したがって，K の範囲は次のように求められる.

$$54 \le K < 60$$

7.3.2　外乱に対する定常偏差

図 7.12 のように外乱が加わっているフィードバック制御系を考えよう（$H(s) = 1$ とする）．定常偏差は式 (7.18) に従って求めればよいので，その数学的取り扱いは，外乱に対する定常偏差も目標値の変化に対する場合と同様である．すなわち，制御系の偏差 $E(s) = R(s) - C(s)$ は

$$E(s) = \frac{1}{1 + G_1(s)G_2(s)} R(s) - \frac{G_2(s)}{1 + G_1(s)G_2(s)} D(s) \tag{7.28}$$

となる．右辺第 1 項が目標値の変化によって生じる偏差，右辺第 2 項が外乱による偏差である．外乱に対する定常偏差は次式で与えられる.

$$\varepsilon_d = \lim_{s \to 0} s \frac{-G_2(s)}{1 + G_1(s)G_2(s)} D(s) \tag{7.29}$$

上式で実際に $G_1(s)$, $G_2(s)$, $D(s)$ を与えて ε_d を求める具体的計算法は，目標値の変化に対する場合と同様なので省略する．ただし，外乱に対しては，それが制御系のどこに加わるかによって定常偏差の値が異なってくる．以下，この点について説明する．

たとえば，図 7.15 の制御系について，外乱の加わる位置が点 A のときと点 B のときの定常偏差を比べてみよう.

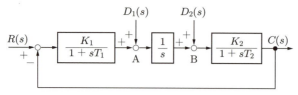

図 7.15 外乱に対する定常偏差

(1) 外乱が点 A に加わる場合 ($D_2(s) = 0$)

この場合，図 7.15 のブロック線図は図 7.16(a) のように表せる．このとき，外乱に対する偏差は

$$E(s) = \frac{\dfrac{K_2}{s(1+sT_2)}}{1+\dfrac{K_1 K_2}{s(1+sT_1)(1+sT_2)}} D(s)$$

$$= \frac{1}{\dfrac{s(1+sT_2)}{K_2} + \dfrac{K_1}{1+sT_1}} D(s) \tag{7.30}$$

となる．外乱を単位ステップ入力とすると，定常偏差は次のように求まる．

$$\varepsilon_d = \lim_{s \to 0} sE(s) = -\frac{1}{K_1} \tag{7.31}$$

すなわち，外乱に対しては 0 形の制御系である．

(2) 外乱が点 B に加わる場合 ($D_1(s) = 0$)

図 7.15 のブロック線図は図 7.16(b) のように表せる．このとき，偏差は

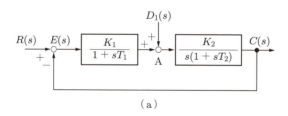

(a)

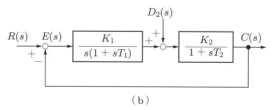

(b)

図 7.16 外乱の加わる位置と定常偏差

$$E(s) = \cfrac{\cfrac{K_2}{1+sT_2}}{1+\cfrac{K_1 K_2}{s(1+sT_2)(1+sT_2)}} D(s)$$

$$= \cfrac{1}{\cfrac{1+sT_2}{K_2} + \cfrac{K_1}{s(1+sT_1)}} D(s) \tag{7.32}$$

となる．外乱を単位ステップ入力とすると，定常偏差は

$$\varepsilon_d = \lim_{s \to 0} sE(s) = 0$$

になる．すなわち，外乱に対しては1形の制御系である．

以上，図7.16(a)，(b)はいずれも目標値に対しては1形であるが，外乱に対して図(a)は0形，図(b)は1形である．このように，外乱に対してはそれがどこに加わるかによって異なり，外乱が加わる位置より前にある伝達関数の分母のsの次数によって決まる．また，式(7.31)からわかるように，外乱が加わる位置より前にある伝達関数のゲイン定数が大きいと，定常偏差が小さくなる．したがって，多段増幅器などの場合，前段になるに従いゲインが高いことが要求される．

例題7.4 図7.17の制御系が安定で，かつ単位ステップ関数の外乱に対するシステムの定常偏差が0.1以下であるためには，Kの値をどのように選べばよいか．

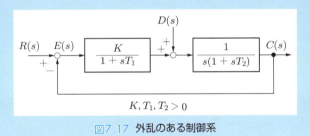

図7.17 外乱のある制御系

解 フルビッツの安定判別法を使って，システムが安定となるKの範囲を求めてみる．特性方程式の分母を払って式を整理すると，多項式

$$T_1 T_2 s^3 + (T_1 + T_2)s^2 + s + K = 0$$

を得る．Kの範囲は

$$D = \begin{vmatrix} a_1 & a_3 \\ a_0 & a_2 \end{vmatrix} = \begin{vmatrix} T_1 + T_2 & K \\ T_1 T_2 & 1 \end{vmatrix} > 0$$

となる．すなわち，

$$K < \frac{T_1 + T_2}{T_1 T_2}$$

となる．一方，単位ステップ関数の外乱に対する定常偏差は 0.1 以下である．

$$\varepsilon_d = \lim_{s \to 0} s \frac{-\dfrac{1}{s(1+sT_2)}}{1 + \dfrac{K}{s(1+sT_1)(1+sT_2)}} \cdot \frac{1}{s} = \lim_{s \to 0} \frac{-1}{s(1+sT_2) + \dfrac{K}{1+sT_1}} = -\frac{1}{K}$$

ε_d の絶対値 $|\varepsilon_d|$ を考えればよいので，

$$|\varepsilon_d| = \frac{1}{K} \leq 0.1, \quad K \geq 10$$

となる．したがって，K の値は次の範囲で選べばよい．

$$10 \leq K < \frac{T_1 + T_2}{T_1 T_2}$$

■

演習問題

7.1 開ループ伝達関数が

$$G(s) = \frac{K}{s(1+0.2s)(1+0.02s)}$$

で与えられる閉ループ系がある．以下の問いに答えよ．
 (1) $K = 1$ および 10 とするときのニコルス線図を描け．
 (2) $K = 1$ および 10 それぞれの場合について，閉ループ系の遅れ時間 T_d と立上り時間 T_r を求めよ．

7.2 図 7.18 の閉ループ系において下記の仕様を満足するには，K の値をどのように選べばよいか．ただし，$O_s = 10\%$ のとき，$\zeta = 0.6$ とする．

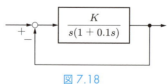

図 7.18

 (i) 行き過ぎ量　$O_s \leq 10\%$
 (ii) 定常速度偏差　$\varepsilon_v \leq 0.2$

また，仕様として $O_s \leq 10\%$，$\varepsilon_v \leq 0.1$ を与えたときはどうなるか．

7.3 開ループ伝達関数が

$$G(s) = \frac{K}{s(1+sT)}$$

で与えられる閉ループ系について，入力 $r(t) = 1 + t \ (t \geq 0)$ に対する定常偏差を 0.1，減衰率を $\zeta = 0.5$ にする．K および T の値を求めよ．

7.4 図 7.19 の制御系が安定かつ定常速度偏差が 0.05 以下であるための，ゲイン定数 K の条件を求めよ．

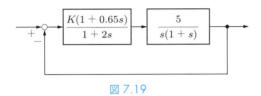

図 7.19

7.5 図 7.20 は，垂直離着陸機の飛行姿勢制御を示すブロック線図である．下記の問いに答えよ．
(1) この閉ループ系の安定性について述べよ．
(2) 外乱としての突風 ($D(s) = 1/s$) に対する定常偏差を求めよ．

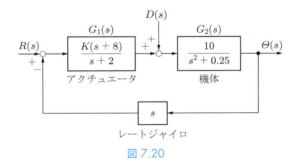

図 7.20

8 フィードバック制御系の設計

8.1 設計仕様

これまでに，フィードバック制御系を評価する特性としては，まず安定性を保証したうえで，減衰性，速応性，定常特性（精度）の三つが重要であることを述べた．実際に制御系を設計するには，指標として閉ループ系のこれらの三つの特性を指定する必要がある．以下に，このような設計仕様の与え方について述べる．

8.1.1 閉ループ特性

まず，閉ループ特性の表現法として極零点仕様を挙げる．

直結フィードバック制御系の閉ループ伝達関数は

$$G_o(s) = \frac{G(s)}{1+G(s)} \tag{8.1}$$

で表せる．$G_o(s)$ の次数は一般に n 次と考えてよい．しかし，すでに 6.1.2 項で述べたように，閉ループ特性に主に影響を与えるのは $G_o(s)$ の多くの極の中でも原点に最も近い極である．したがって，閉ループ特性の概略を知るには，原点に最も近い極だけを考えても十分である．その極が共役複素極である場合，

$$s_1, s_2 = -\alpha \pm j\beta$$

とおくことができる．

いま，閉ループ伝達関数が次式で表されるものとする．

$$G_o(s) = \frac{\omega_n^2}{s^2 + 2\zeta\omega_n s + \omega_n^2} = \frac{s_1 s_2}{(s-s_1)(s-s_2)} \tag{8.2}$$

上式に $s_1, s_2 = -\alpha \pm j\beta$ を代入すれば

$$G_o(s) = \frac{\alpha^2 + \beta^2}{(s+\alpha-j\beta)(s+\alpha+j\beta)} = \frac{\alpha^2+\beta^2}{s^2+2\alpha s+\alpha^2+\beta^2} \tag{8.3}$$

を得る．式 (8.2) と式 (8.3) が等価であるためには

$$\text{固有周波数} \quad \omega_n = \sqrt{\alpha^2 + \beta^2} \tag{8.4}$$

$$\text{減衰率} \quad \zeta = \frac{\alpha}{\sqrt{\alpha^2 + \beta^2}} = \frac{\alpha}{\omega_n} \tag{8.5}$$

となる．図 8.1(a) は，s 平面上に共役複素極 s_1, s_2 を与えると，原点から極までの距離が ω_n で，$\cos\gamma$ が ζ になることを示している．

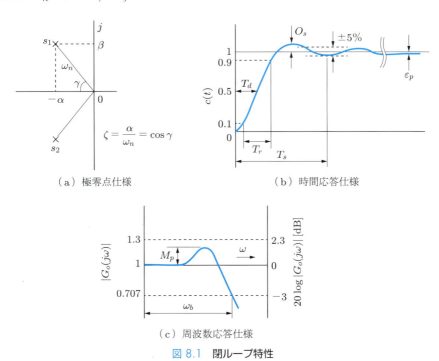

図 8.1 閉ループ特性

閉ループ系の特性表現法としては，このほかに時間応答仕様，周波数応答仕様があり，それぞれ図 (b), (c) に示す．図 (a)〜(c) の表現法はそれぞれ異なるものの，ここで与えられている指標には密接な関係がある．

(1) 減衰性

閉ループ系の減衰性を与える仕様としては，5.6 節の 2 次要素の特性として述べたように，$G_o(s)$ の極配置により決まる減衰率 ζ，ステップ応答の行き過ぎ量 O_s，閉ループ周波数応答の最大値 M_p が挙げられる．

$G_o(s)$ が共役複素極をもつときは，ステップ応答に行き過ぎが現れるようになる．このとき周波数特性をとれば，閉ループゲイン特性上最大値を示すようになる．複素極の位置 α/ω_n が小さくなればなるほど，すなわち減衰率 ζ が小さくなればなるほど

O_s は大きくなり，M_p も大きくなる．複素極が s 平面上の虚軸上にあるときは安定限界となり，ステップ応答は持続振動を生じ，$O_s = 100\%$ となる．このとき，周波数特性上の M_p は ∞ となる．

このような閉ループ特性表現において，時間特性としての O_s と周波数特性としての M_p は，減衰性を指定する量として密接な関係があることがわかる．すでに式 (5.66), (5.76) で明らかにしたように，O_s と M_p は ζ の関数として次のように与えられる．

$$O_s = \exp\left(-\frac{\pi\zeta}{\sqrt{1-\zeta^2}}\right) \tag{8.6}$$

$$M_p = \frac{1}{2\zeta\sqrt{1-\zeta^2}} \tag{8.7}$$

ζ をパラメータとして O_s と M_p の関係を図示すると，図 8.2 のように与えられる．したがって，たとえ仕様として時間特性としての O_s が与えられてもその対応関係がわかっているので，周波数特性上で設計することができる．図 8.2 は共役複素極をもつ 2 次系の場合である．しかし，たとえ高次の場合でも閉ループ特性は大局的には代表根により決定されるので，2 次系の場合から大きくずれることはない．

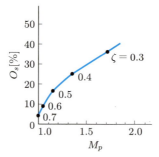

図 8.2　閉ループ特性における M_p と O_s の関係

さて，ここで挙げた ζ, O_s, M_p の望ましい値は，もちろん制御の目的，用途などにより異なるが，一般に次のような値に選ばれる．

$0.6 \leq \zeta \leq 0.8$　　サーボ機構などの追値制御

$0.2 \leq \zeta \leq 0.4$　　プロセス制御などの定値制御

$0 \leq O_s \leq 25\%$

$1.1 \leq M_p \leq 1.5$　　普通 $M_p = 1.3$ 程度

なお，ステップ応答の整定時間は，減衰性と次に述べる速応性の二つに関係する総

合的な仕様である.

(2) 速応性

閉ループ特性において速応性を示す仕様としては，極 s_1 の原点からの距離，すなわち固有周波数 ω_n，ステップ応答の遅れ時間 T_d，立上り時間 T_r，周波数特性の帯域幅を示す閉ループ遮断周波数 ω_b がある.

周波数特性の通過帯域に関係のある ω_n，ω_b は，直接速応性を示す仕様である．すなわち，物理的意味を考えても，信号の通過帯域が大きくなればなるほど閉ループ系の応答は速くなることが理解できる．一方，ステップ応答の T_d，T_r も時間特性上速応性を直接表現していることが，直観的にわかる.

次に，時間特性と周波数特性上の仕様の関係について述べる．これについてはすでに，7.2 節で明らかにしたように次の関係が成り立つ.

$$T_d \simeq \frac{\phi_b}{\omega_b} \tag{8.8}$$

$$T_r \simeq \frac{\pi}{\omega_b} \tag{8.9}$$

上式を用いれば，時間特性と周波数特性上の仕様についてどちらかが与えられれば，ほかは大体の見当をつけることができる.

なお，整定時間 T_s は，減衰性と速応性両方の影響によって決まる量である．一般に，2 次系のステップ応答の包絡線の振幅は $e^{-\zeta\omega_n t}$ で表されるので，整定時間が最終値の $\pm 5\%$ に達する時間とすれば

$$e^{-\zeta\omega_n t} = 0.05$$

となる．したがって，$\zeta\omega_n T_s = 3$ となり，整定時間は次式で与えられる.

$$T_s = \frac{3}{\zeta\omega_n} \tag{8.10}$$

上式は，T_s が 2 次系の時定数 $1/\zeta\omega_n$ の 3 倍となることを示す.

(3) 定常特性

閉ループ系の定常特性として重要なものに定常偏差がある．図 8.1 では，例としてステップ入力に対する閉ループ系の定常偏差，すなわち定常位置偏差の例を挙げたが，入力の形によって定常速度偏差，定常加速度偏差がある．すでに，7.3.1 項で述べたように，閉ループ系の定常偏差は開ループ伝達関数 $G(s)$ により決まるが，これは 8.1.2

154 第8章 フィードバック制御系の設計

項で後述する.

以上,閉ループ特性上指定する必要性のある仕様を示したが,これを整理すると**表 8.1**(a) のようになる.

表 8.1 設計仕様

要件	(a) 閉ループ特性		(b) 開ループ特性
	時間特性	周波数特性	周波数特性
減衰性	O_s	M_p	GM, PM
速応性	T_d, T_r	ω_b	ω_c
定常特性	ε_p, ε_v, ε_a		K

8.1.2 開ループ特性 • • • • • • • • • • • • • • •

閉ループ特性上の仕様が与えられたところで,次に仕様を満足するように制御系を構成する段階に入る.この設計段階においては,開ループ伝達関数 $G(s)$ は定められている.そこで,閉ループ伝達関数 $G_o(s)$ が与えられた仕様を満足するように,ゲイン調整を行ったり,次節で述べる補償要素の伝達関数 $G_c(s)$ を決めたりする.

いま,周波数特性上で設計することにすると,設計手法としては主に開ループ特性上で行われる.補償要素も含めた開ループ伝達関数 $G(s)G_c(s)$ を与えたとして,そのときの閉ループ系の特性を検討し設計仕様を満足しているかどうかを調べる.満足していればそれでよいが,満足していない場合は元に戻り,新たに $G_c(s)$ の定数を変えてもう一度試みる.設計仕様を満足するまで試行錯誤を繰り返すことになる.

このような設計作業は,**図 8.3** に示すボード線図を用いて行われる.ユーザの立場で考えれば必要なのは閉ループ特性であり,最終的に閉ループ特性の設計仕様を満足すればよいので開ループ特性には直接関心がなくてもよい.しかし,実際に設計作業を行う設計者には,設計途中で開ループ伝達関数の仕様があると便利である.この点から設計者にだけ関心のある仕様として,減衰性を指定するものとしてゲイン余裕 GM,位相余裕 PM,また,速応性を指定するものとして開ループ周波数特性上で定義されるゲイン交差周波数 ω_c がある (表 8.1(b)).

開ループ周波数特性から閉ループ周波数特性を求めるには,ニコルス線図や後述する根軌跡法を用いればよい.

次に,閉ループ系の定常偏差は,開ループ伝達関数が積分項を何個もっているか,言い換えれば何形の制御系かということにより決まる.また,ゲイン定数 K が大きいほど定常偏差は小さくなる.

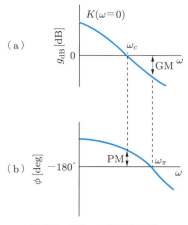

図 8.3 開ループ周波数特性

8.2 設計法I（周波数応答法）

8.2.1 ゲイン調整

いま，与えられた開ループ伝達計数のボード線図が図 8.4 の実線で示されるとしよう．$\omega = \omega_c$ における位相が $-180°$ を超えているので，この制御系は明らかに不安定である．そこで，ゲイン定数 K を小さくすれば，図の薄い青線で示されるようにゲイン特性は ω に関係なく一様に低下する．このとき位相特性は変わらない．結果として位相余裕 PM を生じることになり，制御系は安定化する．仕様として与えられた減衰性を得るには，所望の PM を達成するようにゲイン調整を行えばよい．

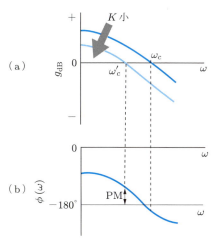

図 8.4 ゲイン調整による安定化

例として，開ループ伝達関数が

$$G(s) = \frac{K}{s(1+0.5s)(1+0.2s)} \tag{8.11}$$

で与えられる閉ループ系を考えよう．この制御系の位相余裕を $\mathrm{PM} = 30°$ にするゲイン定数 K の値を求めてみる．まず，$K = 1$ とするとボード線図は図 8.5 のようになる．すなわち，図 (a) のゲイン特性については，$G(s)$ の各要素

$$\frac{1}{s}, \quad \frac{1}{1+0.5s}, \quad \frac{1}{1+0.2s}$$

に分けて，それぞれのゲイン特性の直線近似をまず描き，次いでこれを合成すれば図

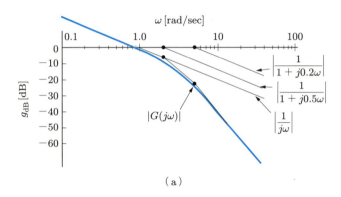

(a)

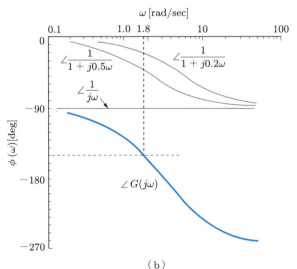

(b)

図 8.5 $G(s) = \dfrac{1}{s(1+0.5s)(1+0.2s)}$ のボード線図

示の $G(s)$ のゲイン特性 $|G(j\omega)|$ が得られる.

さらに,各要素の位相は

$$\angle\frac{1}{1+0.5s} \qquad \text{折点周波数} \quad \omega = 2 \text{ において} -45°$$

$$\angle\frac{1}{1+0.2s} \qquad \text{折点周波数} \quad \omega = 5 \text{ において} -45°$$

なので,これに着目すれば概略図が描ける.また,$1/s$ の位相は ω に関係なくつねに $-90°$ である.したがって,各要素の位相を加え合わせれば図 (b) の位相特性 $\angle G(j\omega)$ が得られる.

位相余裕は $30°$ 必要なので,図 (b) の $-150°$ を示す破線と位相特性の交点は,ほぼ $\omega = 1.8\,\text{rad/s}$ と読み取ることができる.このときのゲインはほぼ $-7\,\text{dB}$ なので,現状よりゲインを $7\,\text{dB}$ だけ上げることができる.すなわち,

$$20\log K = 7$$

なので $K = 2.24$ と決めればよい.

この例の場合は制御系を減衰性にだけ着目して設計している.しかし,制御系を評価するには速応性,定常偏差を含め総合的にみる必要がある.図 8.4 から明らかなように,ゲイン調整は定常ゲイン K の低下と同時に,ゲイン交差周波数 ω_c の低下も招くことになる.その結果,速応性および定常偏差の劣化を引き起こすことになる.たとえ劣化したとしても,それが与えられた仕様を満足していればよいが,そうでない場合はゲイン調整に頼るだけでは設計することが不可能になる.

そこで,減衰性と定常偏差の二つの特性を両立させる場合の例を挙げてみよう.開ループ伝達関数が同じく式 (8.11) で与えられる閉ループ系において,安定で,かつ平常速度偏差が 0.1 以下としたい.ラウス・フルビッツの安定条件を適用することにより,ゲインが

$$K < 7$$

のときこの閉ループ系は安定である.一方,定常速度偏差 $\varepsilon_v \leq 0.1$ を満足するゲインは

$$K \geq 10$$

と求められる.したがって,二つの特性を両方満足させることはできない.このようにフィードバック制御系の設計にあたって,要求される仕様を満足することができない場合,与えられた制御対象 $G_p(s)$ に対して適当な制御装置 $G_c(s)$ を付加し,合成さ

れた制御対象 $G(s) = G_c(s)G_p(s)$ が仕様を満足するように設計する必要がある.

例題 8.1 図 8.6 に示すフィードバック制御系について,$M_p = 1.3$ とするには開ループ伝達関数 $G(s)$ のゲイン定数 K をいくらに選べばよいか.

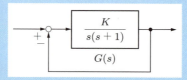

図8.6 フィードバック制御系

解

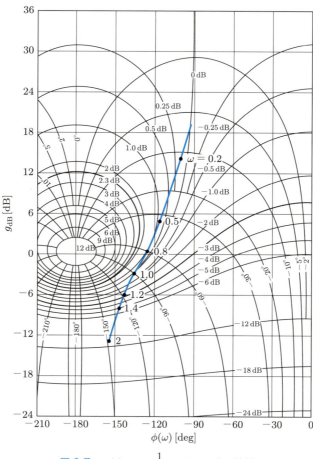

図 8.7 $G(s) = \dfrac{1}{s(s+1)}$ のニコルス線図

M_p は閉ループ特性の減衰性を支配する．与えられた開ループ特性を基にして，閉ループ特性仕様としての M_p に合致する K を見出す方法としては，ニコルス線図が知られている．そこで，まず $K=1$ として $G(s)$ のニコルス線図を描くと図 8.7 のようになる．$G(s)$ の軌跡が M 軌跡 2.3 dB $(M=1.3)$ に接するようにするには，いまよりもほぼ 3 dB ゲインを上げてやる必要がある．

$$20 \log K = 3$$
$$K = 1.4$$

すなわち，ゲイン定数を $K = 1.4$ とすればよい． ■

8.2.2　直列補償

ゲイン調整だけでは設計仕様を満足できないときは，制御系に補償要素を加える必要がある．図 8.8(a) のように，制御対象 $G_p(s)$ と直列に補償要素 $G_c(s)$ を付加する方式を直列補償と呼ぶ．同図 (b) はフィードバックループに補償要素を加える方式であり，フィードバック補償という．

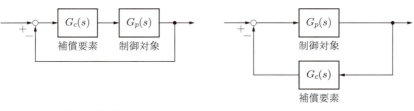

（a）直列補償　　　　　　（b）フィードバック補償

図 8.8　補償方式

補償には次のようなものがある．

(i) 位相遅れ補償
(ii) 位相進み補償
(iii) 位相進み遅れ補償

以下に，それぞれの補償要素の役割と適用例について述べる．

(1) 位相遅れ要素

位相遅れ要素として，図 8.9 の位相遅れ回路を例にとる．その伝達関数は

$$G_c(s) = \frac{E_o(s)}{E_i(s)} = \frac{1 + saT}{1 + sT} \tag{8.12}$$

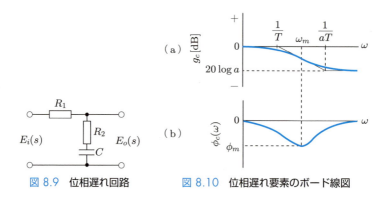

図 8.9　位相遅れ回路　　　図 8.10　位相遅れ要素のボード線図

と表せる．ただし，$aT = R_2C$, $a = R_2/(R_1 + R_2) < 1$ である．

　$G_c(s)$ のゲイン特性は，まず 1 次進み要素 $1+saT$ と 1 次遅れ要素 $1/(1+sT)$ のゲイン特性の直線近似を描き，次いでそれを加え合わせることにより図 8.10(a) のように求められる．図において折点周波数は $1/T$ と $1/aT$ である．高周波数領域 ($\omega \gg 1/aT$) におけるゲインは

$$g_c = 20\log|G_c(j\omega)|_{\omega \gg 1/aT} = 20\log a \tag{8.13}$$

である．

　一方，$G_c(s)$ の位相特性は

$$\phi_c(\omega) = \angle(1 + j\omega aT) - \angle(1 + j\omega T) \tag{8.14}$$

と求められ，図 (b) のように表せる．最小値 ϕ_m は $\omega = 1/T$ と $\omega = 1/aT$ の中間の角周波数 ω_m で現れる．すなわち，

$$\log \omega_m = \frac{1}{2}\left(\log \frac{1}{T} + \log \frac{1}{aT}\right)$$

なので，ω_m は次のように示される．

$$\omega_m = \frac{1}{T\sqrt{a}} \tag{8.15}$$

ϕ_m の値は

$$\phi_m = \angle G(j\omega_m) = \angle \frac{1 + j\omega_m aT}{1 + j\omega_m T}$$
$$= \tan^{-1}\omega_m aT - \tan^{-1}\omega_m T$$

と求められる．逆三角関数の加法定理を用いることにより，

$$\tan\phi_m = \frac{(aT-T)\omega_m}{1+(\omega_m aT)(\omega_m T)} = \frac{a-1}{2\sqrt{a}}$$

となる．上式を基に表現を変えれば次のようになる．

$$\sin\phi_m = \frac{a-1}{\sqrt{(a-1)^2+(2\sqrt{a})^2}} = \frac{a-1}{a+1} \tag{8.16}$$

<u>位相遅れ補償</u>の基本的考え方は，周波数特性上，低周波領域 ($\omega \ll 1/T$) と高周波領域 ($\omega \gg 1/aT$) に大別したとき，低周波領域だけのゲインを高周波領域のゲインに比べて大きくすることにより，減衰性，速応性にほとんど影響を与えないで定常特性を改善しようとするものである．すなわち，位相遅れ要素 $G_c(s)$ を制御対象 $G_p(s)$ と直列に付加すると，図 8.11(a) に示すように高周波領域のゲインが $g_c = |20 \log a|$ だけ低下する．いま設計に際して，位相余裕 PM や速応性を示す指標 ω_c などの仕様が満足されているものとすれば，PM や ω_c は現状のままでよいので高周波領域のゲインをわざわざこれ以上低下させる必要はない．そこで，ゲイン調整を行いゲイン定数を g_c だけ一様に上げてやる．そうすると，高周波領域のゲインは同図破線に示すように元の特性に戻り，もとのままであるが，低周波領域のゲインが大きくなるので，定常特性すなわち定常偏差は改善される．

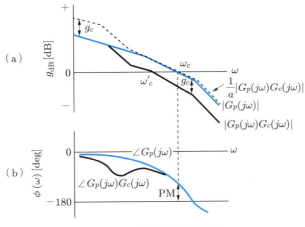

図 8.11 位相遅れ補償の効果

この例では位相余裕や速応性を変える必要がなく定常偏差を小さくする場合を示したが，元々閉ループ系が不安定なシステムであっても，補償により与えられた位相余裕と定常偏差の仕様を満足するように設計することもできる．そのような場合，まず仕様として与えられている定常偏差を満足するようにゲイン調整を行う．次いで，位

相遅れ補償を行うことにより高周波領域のゲインを g_c だけ低下させることができるので，位相余裕を改善できる．

そこで，このような補償の例を挙げる．いま，元々の閉ループ系が図8.12(a)のように与えられているとする．この閉ループ特性が次のような設計仕様を満足するように設計したい．

位相余裕　PM $= 40°$

定常速度偏差　$\varepsilon_v \leq 0.1$

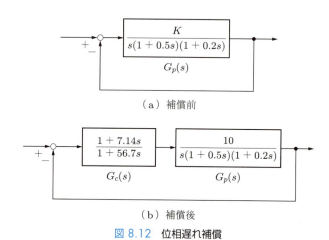

（a）補償前

（b）補償後

図 8.12　位相遅れ補償

まず，定常速度偏差 $\varepsilon_v \leq 0.1$ を満足するには，ゲインは

$$K \geq 10$$

でなければならない．そこで，$K = 10$ と定めて

$$G_p(s) = \frac{10}{s(1+0.5s)(1+0.2s)}$$

のボード線図を描けば，図8.13の太い破線のようになる．図よりゲイン交差周波数は，$\omega_c = 4.4\,\mathrm{rad/s}$ 程度であることがわかる．このときの位相は $-195°$ なので，このままでは不安定であることは明らかである．そこで，位相遅れ回路を使用することにする．

位相遅れ回路を用いると高周波領域で位相遅れがいくらか加わるが，ここでは大体 $10°$ 程度遅れるものとする．本設計仕様では位相余裕 PM $= 40°$ を満足する必要があ

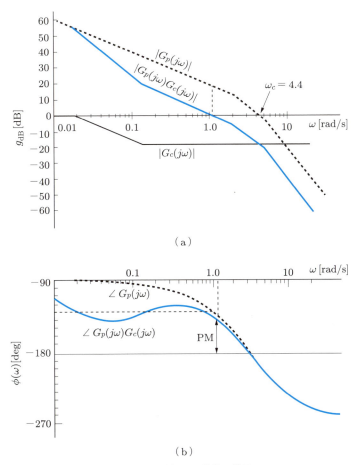

(a)

(b)

図 8.13 位相遅れ補償の効果

る．そこで，あらかじめ位相遅れ回路の遅れ分を見込むと，$40° + 10° = 50°$ である．このときの角周波数は $\omega = 1.1\,\mathrm{rad/s}$ なので，ここでゲイン特性が $0\,\mathrm{dB}$ となればよい．$|G(j\omega)|$ において

$$g_p = 20\log|G(j1.1)| = 18\,\mathrm{dB}$$

なので，新たに付加する位相遅れ回路のゲインは

$$g_c = 20\log a = -18\,\mathrm{dB}$$

となるように a を選べば，$g_p + g_c = 0\,\mathrm{dB}$ とすることができる．すなわち，

$$a = 0.126$$

を得る.

位相遅れ回路の折点周波数 $1/aT$ は，新しいゲイン交差周波数 $\omega_c = 1.1\,\text{rad/s}$ の $1/8$〜$1/10$ 程度に選ばれる．ここでは $0.14\,\text{rad/s}$ としよう.

$$aT = \frac{1}{\omega} = \frac{1}{0.14} = 7.14$$

$$T = \frac{7.14}{0.126} = 56.7$$

以上の結果，位相遅れ回路の伝達関数は

$$G_c(s) = \frac{1 + 7.14s}{1 + 56.7s}$$

となる．したがって，図 8.12(b) の開ループ伝達関数 $G(s)$ は

$$G(s) = G_p(s)G_c(s)$$
$$= \frac{10(1 + 7.14s)}{s(1 + 0.5s)(1 + 0.2s)(1 + 56.7s)}$$

となり，そのボード線図は，図 8.13 青線に示される．図より位相余裕 PM $= 44°$ であり，設計仕様をほぼ満足することがわかる.

> **例題 8.2** 図 8.12 の位相遅れ補償について，補償前と補償後のニコルス線図を描き，それぞれの閉グループ特性を論ぜよ.

解 補償前と補償後の開ループ伝達関数 $G_p(s)$ と $G_p(s)G_c(s)$ のニコルス線図を描けば，図 8.14 のように示される．ニコルス線図は，開ループ周波数特性から閉ループ周波数特性を知ることができる．補償前は $G_p(s)$ のニコルス線図をみると明らかなように，g_{dB} が 0 のとき $\phi(\omega)$ が $-180°$ より遅れているので不安定である.

補償後の $G_p(s)G_c(s)$ の曲線は，ちょうど $M = 2.3\,\text{dB}$ (1.3) の線に接するようになる．これは，閉ループ特性のゲインの最大値が $M_p = 1.3$ であることを示し，望ましい値である．また，図よりゲイン余裕 GM，位相余裕 PM はそれぞれ次のように得られる.

$$\text{GM} \simeq 11\,\text{dB}, \quad \text{PM} \simeq 44°$$

さらに，$\omega = 2.2\,\text{rad/s}$ くらいのときに $G_p(s)G_c(s)$ の軌跡は $M = -3\,\text{dB}$ $(1/\sqrt{2})$ と交わる．このときの位相は約 $155°$ である．したがって，式 (7.8)，(7.10) より，遅れ時間 T_d と立上り時間 T_r は

$$T_d = \frac{\phi_b}{\omega_b} = \frac{\pi \times \dfrac{155}{180}}{2.2} = 1.2\,\text{s}$$

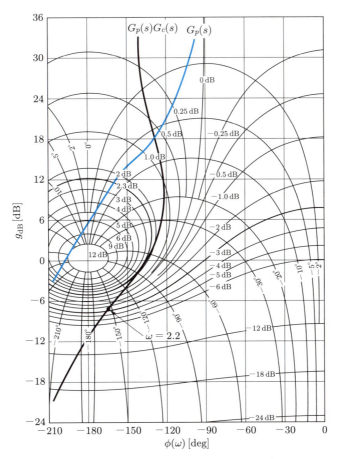

図 8.14　位相遅れ補償前と補償後のニコルス線図

$$T_r = \frac{\pi}{\omega_b} = \frac{\pi}{2.2} = 1.4\,\mathrm{s}$$

程度と求められる．　■

(2) 位相進み要素

図 8.15 の位相進み回路の伝達関数は，

$$\frac{E_o(s)}{E_i(s)} = \frac{1}{\alpha} \cdot \frac{1 + s\alpha T}{1 + sT} \tag{8.17}$$

と表せる．ただし，T, α は次のように与えられる．

$$T = \frac{R_1 R_2 C}{R_1 + R_2}, \quad \alpha = \frac{R_1 + R_2}{R_2} > 1$$

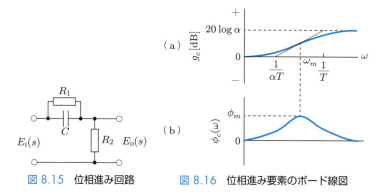

図 8.15　位相進み回路　　図 8.16　位相進み要素のボード線図

位相進み要素の伝達関数としては，式 (8.17) を α 倍したものを用いることにする．すなわち，

$$G_c(s) = \frac{1+s\alpha T}{1+sT} \tag{8.18}$$

と表現することにする．$G_c(s)$ のゲイン特性は図 8.16(a) のように示され，その高周波領域 ($\omega \gg 1/\alpha T$) のゲインは

$$g_c = 20\log|G_c(j\omega)|_{\omega \gg 1/\alpha T} = 20\log\alpha \tag{8.19}$$

である．

$G_c(s)$ の位相特性は

$$\phi_c(\omega) = \angle(1+s\alpha T) - \angle(1+sT) \tag{8.20}$$

と求められ，図 (b) のように表せる．位相進みの最大値を生じる角周波数 ω_m と最大値 ϕ_m は，それぞれ次のように与えられる．

$$\omega_m = \frac{1}{\sqrt{\alpha}\,T} \tag{8.21}$$

$$\sin\phi_m = \frac{\alpha-1}{\alpha+1} \tag{8.22}$$

位相進み補償の基本的な考え方は，ゲイン交差周波数 ω_c 付近の位相を進めて，適当な位相余裕を確保しようとするものである．いま，制御対象 $G_p(s)$ のゲイン特性と位相特性が，それぞれ図 8.17(a) の $|G_p(j\omega)|$ と図 (b) の $\angle G_p(j\omega)$ で示されるものとする．そこで，位相進み要素 $G_c(s)$ を $G_p(s)$ と直列に付加し，$G_c(s)$ の折点周波数 $1/\alpha T$ と $1/T$ を

$$\frac{1}{\alpha T} < \omega_c < \frac{1}{T}$$

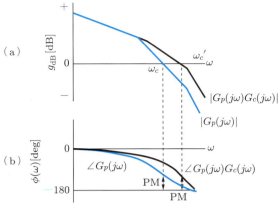

図 8.17 位相進み補償の効果

となるように定める．その結果，$G_p(s)G_c(s)$ のボード線図は，図 (a) の $|G_p(j\omega)G_c(j\omega)|$，図 (b) の $\angle G_p(j\omega)G_c(j\omega)$ のようになる．

図 (a) からわかるように，速応性を支配する要因であるゲイン交差周波数は，補償後 ω_c から ω_c' と大きくなっている．一方，図 (b) の位相特性については，補償後 ω_c 付近の位相を進めることができるので，新たに ω_c' になっても補償前と同程度の位相余裕を確保することができる．したがって，位相余裕を確保しつつ，ω_c' を大きくとれるので速応性の改善が図れることになる．

このような補償の例を挙げてみよう．まず，補償前の閉ループ系が図 8.18(a) のように与えられているものとする．この閉ループ系の設計仕様を次のように定める．

位相余裕　PM $= 40°$

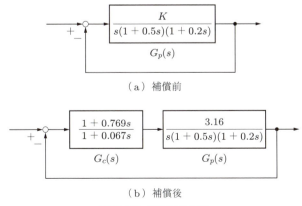

図 8.18 位相進み補償

ゲイン交差周波数　$\omega_c = 4.4\,\text{rad/s}$

はじめに，$G_p(s)$ のゲイン定数を $K=1$ とすると次式を得る．

$$G_p(s) = \frac{1}{s(1+0.5s)(1+0.2s)}$$

$G_p(s)$ のボード線図を図 8.19(a), (b) に示す．ゲイン特性は直線近似により描いてある．設計仕様 $\omega_c = 4.4\,\text{rad/s}$ を満足するには，ゲイン K を上げて $K=10$ とすればよい．しかし，このときの位相は $-197°$ になるので，このシステムは不安定であるこ

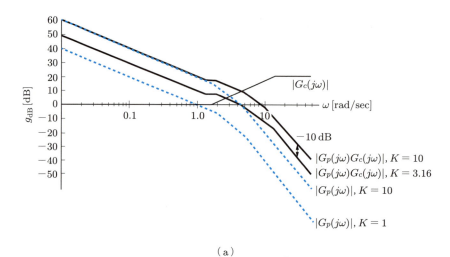

(a)

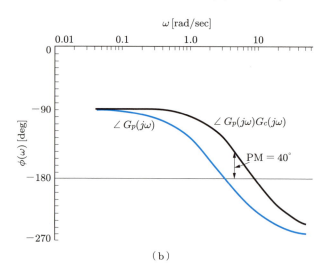

(b)

図 8.19　位相進み補償の効果

とがわかる．したがって，ゲイン調整だけでは上記の仕様を満足することはできない．

　そこで，図 8.15 の位相進み回路を用い，ω_c 付近の位相を進ませて位相余裕を確保することにする．与えられている設計仕様の場合，PM $= 40°$ を満足させる必要がある．そのためには，ω_c 付近で

$$40° + (197° - 180°) = 57°$$

だけ位相を進めなければならない．すなわち，$\phi_m = 57°$ なので次式となる．

$$\sin \phi_m = \frac{\alpha - 1}{\alpha + 1} = 0.84$$
$$\alpha = 11.5$$

　したがって，位相進み回路の折点周波数 $1/T$ と $1/\alpha T$ は，次のように求められる．

$$\frac{1}{T} = \sqrt{\alpha}\,\omega_m = \sqrt{11.5} \times 4.4 = 14.9$$

$$\frac{1}{\alpha T} = 1.30$$

その結果，位相進み回路の伝達関数は

$$G_c(s) = \frac{1 + 0.769s}{1 + 0.067s}$$

と決められる．このときの $G_p(s)G_c(s)$ のゲイン特性は，図 8.19(a) の $|G_p(j\omega)G_c(j\omega)|$，$K = 10$ に示される．図より，補償後の新たなゲイン交差周波数 ω_c' が $8.5\,\mathrm{rad/s}$ 程度になっていることがわかる．設計仕様では $4.4\,\mathrm{rad/s}$ と定めているので，それを実現するために全体のゲインを下げることにする．図に示すように，$|G_p(j\omega)G_c(j\omega)|$，$K = 10$ のときに比べて，$10\,\mathrm{dB}$ ゲインを下げると，ほぼ $4.4\,\mathrm{rad/s}$ となる．すなわち，ゲイン調整後のゲインは

$$-10\,\mathrm{dB} = 20\log\frac{K}{10}$$

で与えられ，$K = 3.16$ となる．したがって，補償後の閉ループ系は図 8.18(b) で与えられる．このときのボード線図のゲイン特性は，図 8.19(a) の $|G_p(j\omega)G_c(j\omega)|$，$K = 3.16$ のように示される．位相特性はゲイン定数 K の値によっては影響を受けないので，図 (b) の $\angle G_p(j\omega)G_c(j\omega)$ のように表せる．このように，位相進み補償により減衰性と速応性の仕様を満足することができる．

例題 8.3 図 8.18 の位相進み補償について，補償前と補償後のニコルス線図を描き，それぞれの閉ループ特性を論ぜよ．

解 補償前と補償後の開ループ伝達関数 $G_p(s)$ と $G_p(s)G_c(s)$ のニコルス線図を図 8.20 に示す．$G_p(s)$ は例題 8.2 の場合と同じであり，そのままでは不安定である．補償後の $G_p(s)G_c(s)$ の曲線は，$M = 2.3\,\mathrm{dB}\,(1.3)$ の線に近いところを通過しており，これより閉ループ特性のゲインの最大値がほぼ $M_p = 1.3$ であることがわかる．図よりゲイン余裕 GM，位相余裕 PM はそれぞれ次のように求められる．

$$\mathrm{GM} \simeq 10\,\mathrm{dB}, \quad \mathrm{PM} \simeq 42°$$

$G_p(s)G_c(s)$ の軌跡は，$\omega \simeq 7.4\,\mathrm{rad/s}$ のとき $M = -3\,\mathrm{dB}\,(1/\sqrt{2})$ の線と交わる．このと

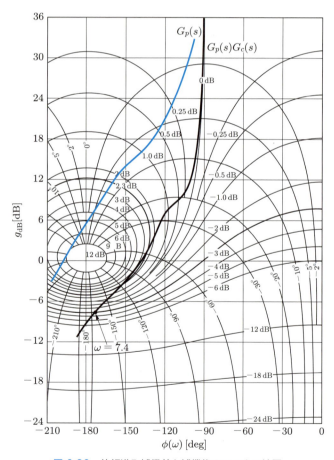

図 8.20 位相進み補償前と補償後のニコルス線図

きの位相はほぼ 165° である．したがって，式 (7.8)，(7.10) より遅れ時間 T_d と立上り時間 T_r は

$$T_d = \frac{\phi_b}{\omega_b} = \frac{\pi \times \frac{165}{180}}{7.4} = 0.39\,\mathrm{s}$$

$$T_r = \frac{\pi}{\omega_b} = \frac{\pi}{7.4} = 0.42\,\mathrm{s}$$

と求められる．

この例題 8.3 で取り上げた制御対象 $G_p(s)$ の伝達関数は，例題 8.2 の場合と同じである．例題 8.2 と例題 8.3 はともに位相余裕 PM を 40° 程度確保する例であるが，速応性や定常特性についてはその効果はそれぞれ異なっている．まず，速応性については結果として位相進み補償のほうがすぐれているが，定常特性としての定常偏差については，位相遅れ補償の場合，低周波領域のゲインを大きくとれるのでその効果は著しい． ■

(3) 位相進み遅れ補償

これまで位相遅れ補償と位相進み補償の効果について述べてきた．これらの補償を単独に用いることにより与えられた仕様を満足することができればそれでよいが，実際には減衰性，速応性，および定常特性についての仕様をすべて満足することができない場合がある．そのような場合は，低周波領域に折点周波数をもつ位相遅れ回路と高周波領域に折点周波数をもつ位相進み回路を併用し，補償を行うことがある．これを位相進み遅れ補償という．図 8.21 の位相進み遅れ回路の伝達関数は

$$\frac{E_o(s)}{E_i(s)} = \frac{(1 + R_1 C_1 s)(1 + R_2 C_2 s)}{R_1 R_2 C_1 C_2 s^2 + (R_1 C_1 + R_1 C_2 + R_2 C_2)s + 1} \tag{8.23}$$

と表せる．ここで

$$R_1 C_1 = \frac{T_1}{a}, \quad R_2 C_2 = aT_2, \quad R_1 R_2 C_1 C_2 = T_1 T_2$$

とおき上式を整理して一般的に表現すれば，位相進み遅れ要素の伝達関数は

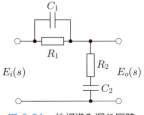

図 8.21　位相進み遅れ回路

172　第 8 章　フィードバック制御系の設計

$$\frac{E_o(s)}{E_i(s)} = \left(\frac{1 + s\dfrac{T_1}{a}}{1 + sT_1}\right)\left(\frac{1 + saT_2}{1 + sT_2}\right) \tag{8.24}$$

となる．上式右辺において各積項は次のような役割をもっている．

$$\frac{1 + s\dfrac{T_1}{a}}{1 + sT_1} \qquad \text{位相進み補償}$$

$$\frac{1 + saT_2}{1 + sT_2} \qquad \text{位相遅れ補償}$$

各定数 a, T_1, T_2 の決定法はそれぞれ，位相進み補償や位相遅れ補償のところで述べたとおりである．

　位相進み遅れ補償の適用に際しては，はじめからこれを用いるのではなく，まず位相進み補償か遅れ補償を適用してみる．そうしても仕様を満足しないときは，さらに位相遅れ補償か進み補償を適用することになり，結果として位相進み遅れ補償を用いた形となる．

例題 8.4　　図 8.22(a) で示されるフィードバック制御系の制御対象 $G_p(s)$ と $G_c(s)G_p(s)$ のボード線図を，図 (b) に示す（ただし，ゲイン特性は折線近似である）．このシステムについて次の問いに答えよ．

(1) 制御対象の伝達関数 $G_p(s)$ を求めよ．なお，$G_p(s)$ は $s = 0$ に 1 次の極をもつ．

(2) 補償回路の伝達関数は次式で与えられる．

$$G_c(s) = \frac{10(1 + sT_2)(1 + sT_4)}{(1 + sT_1)(1 + sT_3)}$$

上式の定数 T_1, T_2, T_3 および T_4 を求めよ．

(3) この補償の効果について減衰性，速応性，定常特性の点から述べよ．

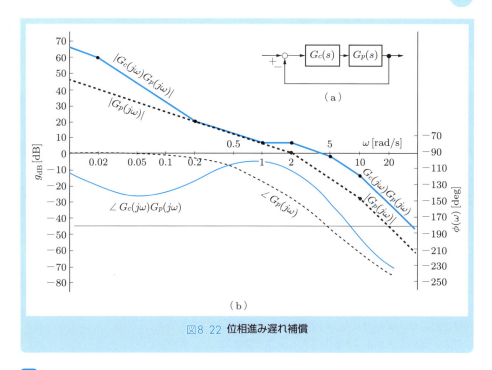

図8.22 位相進み遅れ補償

解 (1) 制御対象のゲイン特性 $|G_p(j\omega)|$ をみると，その折点周波数は $\omega = 2, 10\,\mathrm{rad/s}$ である．このときゲイン特性の傾きが

$\omega < 2\,\mathrm{rad/s}$	$-20\,\mathrm{dB/dec}$
$2\,\mathrm{rad/s} \leq \omega \leq 10\,\mathrm{rad/s}$	$-40\,\mathrm{dB/dec}$
$\omega > 10\,\mathrm{rad/s}$	$-60\,\mathrm{dB/dec}$

であることから，$G_p(s)$ は積分要素 K/s，1次遅れ要素 $1/(1+sT_a)$, $1/(1+sT_b)$ からなることがわかるので，結局，伝達関数は次のように求められる．

$$G_p(s) = \frac{K}{s(1+sT_a)(1+sT_b)}$$

ここで

$$T_a = \frac{1}{2} = 0.5, \quad T_b = \frac{1}{10} = 0.1$$

また，$\omega = 2\,\mathrm{rad/s}$ のときゲインが1，すなわち0dBなので

$$\left|\frac{K}{j\omega}\right| = 1, \quad K = 2$$

となる．

174 第 8 章　フィードバック制御系の設計

(2) $G_c(s)G_p(s)$ のゲイン特性をみると，新たに $\omega = 0.02$ と $0.2\,\mathrm{rad/s}$，さらに $\omega = 1$ と $5\,\mathrm{rad/s}$ が折点周波数となることがわかる．低周波領域 $0.02\,\mathrm{rad/s} < \omega < 0.2\,\mathrm{rad/s}$ においてはゲイン特性低下の傾きが大きくなり，高周波領域 $1\,\mathrm{rad/s} < \omega < 5\,\mathrm{rad/s}$ においてはゲイン特性低下の傾きが小さくなっている．一方，低周波領域において位相の遅れが，高周波領域において位相の進みが認められる．これらのことから判断して，$\omega = 0.02$ と $0.2\,\mathrm{rad/s}$ に折点周波数をもつ位相遅れ補償と，$\omega = 1$ と $5\,\mathrm{rad/s}$ に折点周波数をもつ位相進み補償，すなわち位相進み遅れ補償を行っていることがわかる．したがって，それぞれ定数は次のように得られる．

$$T_1 = \frac{1}{0.02} = 50, \quad T_2 = \frac{1}{0.2} = 5, \quad T_3 = \frac{1}{5} = 0.2, \quad T_4 = \frac{1}{1} = 1$$

(3) 図 8.22(b) のボード線図より，補償前と後についてその効果を定量的に調べてみる．まず，減衰性についてはゲイン余裕 GM，位相余裕 PM を求めると次のようになる．

補償前　GM $\simeq 15\,\mathrm{dB}$，　PM $\simeq 33°$

補償後　GM $\simeq 10\,\mathrm{dB}$，　PM $\simeq 39°$

補償前後における GM と PM の値は，いずれも標準的で妥当な値を示している．

次に，速応性を示す目安としてゲイン交差周波数 ω_c を求めると

補償前　$\omega_c \simeq 2\,\mathrm{rad/s}$

補償後　$\omega_c \simeq 4\,\mathrm{rad/s}$

となるので，立上がり時間でいえば補償後は 2 倍になる．

制御対象 $G_p(s)$ は 1 形のシステムである．そこで，定常特性について考えるときは定常速度偏差の大小について検討すればよい．位相進み遅れ補償回路 $G_c(s)$ を付加すると，定常ゲインは 10 倍になる．したがって，補償後定常速度偏差は $1/10$ になる．

結局，位相進み遅れ補償を行うことにより，良好な減衰性を保持しつつ，速応性を 2 倍に，定常特性を 10 倍改善したといえる．　■

8.2.3　フィードバック補償 ・・・・・・・・・・・・

補償要素を前向き要素と直列に加える代わりに，図 8.23(a) に示すように補償要素をフィードバック要素として用いる方法もある．これをフィードバック補償と呼ぶ．補償を行う前の開ループ伝達関数 $G(s)$ は

$$G(s) = G_1(s)G_2(s) \tag{8.25}$$

である．フィードバック補償後の開ループ伝達関数 $G'(s)$ は

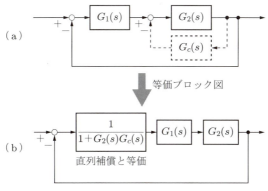

図 8.23 フィードバック補償

$$G'(s) = G_1(s) \cdot \frac{G_2(s)}{1 + G_2(s)G_c(s)} = \frac{1}{1 + G_2(s)G_c(s)} \cdot G(s) \tag{8.26}$$

となる．すなわち，フィードバック補償の効果は，元の開ループ伝達関数 $G(s)$ に対して $1/(1 + G_2(s)G_c(s))$ だけの直列補償を行ったことと等価と考えられる (図 (b))．したがって，フィードバック補償といっても特別な取り扱いを要するわけではなく，等価的にはすでに説明した直列補償での取り扱いと異なるものではない．

フィードバック補償の代表例としては，サーボ系における速度フィードバックを挙げることができる．図 8.24(a) は入力を電圧 $v(t)$，出力を回転速度 $\omega(t) = d\theta(t)/dt$ とするサーボモータが 1 次遅れ要素として表されるものとし，そのブロック線図を示す．このサーボモータの時間応答特性は，与えられたモータの時定数 T の値により決まってしまう．そこで図 (b) のように，速度に比例した電圧を発生するタコメータを用いてフィードバックを行う．タコメータはトランスデューサの一種であり，モータの電機子が回転するときタコメータの出力電圧 $v_T(t)$ は $d\theta(t)/dt$ に比例する．すなわち

$$v_T(t) = K_T \frac{d\theta(t)}{dt} = K_T \omega(t) \tag{8.27}$$

と表され，伝達関数は次のようになる．

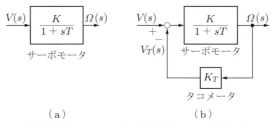

図 8.24 タコメータによる速度フィードバック

$$\frac{V_T(s)}{\Theta(s)} = K_T s \tag{8.28a}$$

$$\frac{V_T(s)}{\Omega(s)} = K_T \tag{8.28b}$$

図 (b) の閉ループ伝達関数は

$$G_o(s) = \frac{\Omega(s)}{V(s)} = \frac{\dfrac{K}{1+KK_T}}{1+\dfrac{T}{1+KK_T}s} \tag{8.29}$$

と与えられる．その結果，時定数は等価的に

$$T' = \frac{T}{1+KK_T}$$

となるので，フィードバック補償を行う前に比べて時定数を $1/(1+KK_T)$ 倍に小さくできることがわかる．

例題 8.5 図 8.25 は，タコメータフィードバックをもつサーボ系のブロック線図である．この系が下記の設計仕様を同時に満たすようにするには，K および K_T をどのように選んだらよいか．

(i) 減衰率 $\zeta = 0.5$
(ii) 定常速度偏差 $\varepsilon_v \leq 0.05$

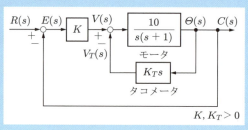

図8.25 タコメータフィードバックをもつサーボ系

解 図 8.25 のサーボ系は図 8.26(a) の閉ループ系に簡単化され，さらに，図 (b) のように閉ループ伝達関数 $G_o(s)$ で表すことができる．

2次系の伝達関数の標準形と図 (b) の $G_o(s)$ を対応させると

$$\frac{\omega_n{}^2}{s^2+2\zeta\omega_n S + \omega_n{}^2} \Leftrightarrow \frac{10K}{s^2+(1+10K_T)s+10K}$$

となるので，次の関係が得られる．

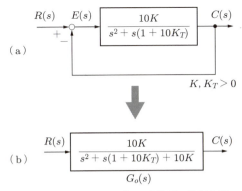

図 8.26 図 8.25 のブロック線図の等価変換

$$\omega_n^2 = 10K \quad \to \quad \omega_n = \sqrt{10K}, \quad 2\zeta\omega_n = 1 + 10K_T$$

仕様として $\zeta = 0.5$ と与えられているので

$$\omega_n = 1 + 10K_T = \sqrt{10K}$$

を得る．一方，定常速度偏差は

$$\varepsilon_v = \lim_{t \to 0} e(t) = \lim_{s \to 0} sE(s) = \lim_{s \to 0} s\frac{R(s)}{1 + G(s)}$$

と求められる．
$R(s) = 1/s^2$ なので

$$\varepsilon_v = \frac{1 + 10K_T}{10K} \leq 0.05$$

となる．$\omega_n = 1 + 10K_T$ と $\omega_n = \sqrt{10K}$ の関係から

$$\frac{\sqrt{10K}}{10K} \leq 0.05$$

が成り立つ．上式よりまず K の範囲が求められる．すなわち

$$K \geq 40$$

次に，$\omega_n = 1 + 10K_T = \sqrt{10K}$ において $K \geq 40$ なので，次の関係が成り立つ．

$$1 + 10K_T \geq \sqrt{400} = 20$$

上式を満足する K_T の範囲は

$$K_T \geq 1.9$$

となる.

結局，与えられた仕様 (i), (ii) を満たすようにするためには，K および K_T が

$$K \geq 40, \quad K_T \geq 1.9$$

となるように選べばよい. ■

8.2.4 PID 調節計
(1) PID 動作

すでに，位相遅れ補償，位相進み補償，位相進み遅れ補償について，その補償効果を述べた．これを実行する補償要素としては，電気回路で実現したり，また，ある場合にはプログラムすることによりコンピュータで実現することができるが，これまで市販され最も多く用いられてきたのは調節計であろう．

調節計は，単に直列補償要素としての働きをするだけでなく，図 8.27 に示すように機能として入出力の差を取り出す働きもする．調節計の伝達関数は

$$G_{PID}(s) = K_P \left(1 + \frac{1}{T_I s} + T_D s\right) \tag{8.30}$$

の形で表現される．ここで，T_I は積分時間，T_D は微分時間と呼ばれる．この伝達関数をみると入出力の差，すなわち偏差に比例する項，偏差の積分に比例する項，偏差の微分に比例する項の三つの和からなることがわかる．そこで，それぞれの動作を比例 (Proportional) 動作，積分 (Integral) 動作，微分 (Derivative) 動作といい，その頭文字をとって P 動作，I 動作，D 動作ということもある．そのほかに，二つの動作を備えたものとして，比例積分動作 (PI 動作) と比例微分動作 (PD 動作) があり，それぞれ次の伝達関数で示される．

$$G_{PI}(s) = K_P \left(1 + \frac{1}{T_I s}\right) \tag{8.31}$$

$$G_{PD}(s) = K_P \left(1 + T_D s\right) \tag{8.32}$$

補償として PI 動作を用いるとすれば，前述の位相遅れ補償に対応する．また，PD

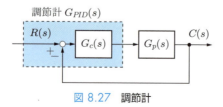

図 8.27 調節計

動作は位相進み補償に対応する．

調節計自体は三つの動作を兼ね備えており PID 動作 を行うことができるので，PID 調節計 とも呼ばれている．

(2) PID 調節計のパラメータ調整

設計仕様が与えられていてこれに合致するように補償を行うとき，これまで制御対象の伝達関数が十分わかっているものとしてきた．しかし，実際の現場では，制御対象の特性が十分わかっていない場合が多い．このような場合は，現場での試行的方法によって補償回路の諸定数を決定しなければならない．

PID 調節計においては，可変パラメータとしての比例ゲイン K_P，積分時間 T_I，微分時間 T_D を妥当な値に調整する必要がある．制御対象の特性が明らかでなくともパラメータ調節可能な近似的方法としては，ジーグラ (Ziegler) とニコルス (Nichols) により提案されたステップ応答法と限界感度法がよく知られている．

■ ステップ応答法

ジーグラとニコルスは，ほとんどのプロセス制御系のステップ応答が図 8.28 に示すような S 字形曲線となることに着目した．そのことは，たとえ複雑な高次の制御対象であってもその伝達関数は，次式に示すように 1 次遅れ要素とむだ時間要素で近似的に表せることを意味する．

$$G_P(s) = \frac{Ke^{-\tau s}}{1 + sT} \tag{8.33}$$

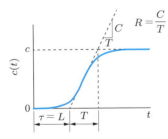

図 8.28 ステップ応答波形

表 8.2 ステップ応答法のパラメータ調整

	K_P	T_I	T_D
P 制御	$\dfrac{1}{RL}$	—	—
PI 制御	$\dfrac{0.9}{RL}$	$3.3L$	—
PID 制御	$\dfrac{1.2}{RL}$	$2L$	$0.5L$

実際のプラントは必ずしもこの簡単なモデルには合致しないが，調節計のパラメータ調整をする際の一応の目安とすることは可能である．

ステップ応答法は開ループにおける制御対象のステップ応答波形を用いたパラメータ調整法であり，次の手順で行われる．

(i) ステップ応答の測定結果，またはステップ応答の計算値から，図 8.28 の等価む

だ時間 L と最大勾配の変化率 R を読み取る．
(ii) 表 8.2 に示す値に調節計の各パラメータを設定する．

■ 限界感度法

(i) 調節計を図 8.27 のように制御系に適用する．
(ii) 調節計の積分時間 T_I を最大値に，微分時間 T_D を最小値に設定しておく．
(iii) 調節計の比例ゲイン K_P を変化させ，制御系が持続振動状態となる点を見出す．このときの比例ゲイン K_o と持続振動の周期 T_o を読み取る（図 8.29）．
(vi) 表 8.3 に示す値に調節計の各パラメータを設定する．

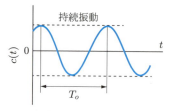

図 8.29 制御系の持続振動状態

表 8.3 限界感度法のパラメータ調整

	K_P	T_I	T_D
P 制御	$0.5K_o$	——	——
PI 制御	$0.45K_o$	$0.83T_o$	——
PID 制御	$0.6K_o$	$0.5T_o$	$0.125T_o$

以上述べた二つの方法による調節計のパラメータ調整を行えば，多くの制御系において閉ループ特性について良い結果が得られることが経験的に実証されている．しかし，これはあくまでも一つの目安であるので，実際には試行錯誤による微調整を行い最も良いパラメータの値を見出すことが大切である．

なお，最近の調節計はセルフチューニング機能が備えられている．セルフチューニング機能は，ループ制御中に PID パラメータを自動的に最適値にするもので，システムの変化をつねに監視し，必要なときチューニングを開始する（図 8.30）．

図 8.30 セルフチューニング・コントローラ（提供：オムロン）

8.3 設計法 II（根軌跡法）

8.3.1 根軌跡

すでに，8.1.1 項で述べたように，閉ループ伝達関数 $G_o(s)$ の極の配置がわかれば，閉ループ特性の概略を知ることができる．逆にいえば，望ましい閉ループ特性を得るように制御系を設計するには，極の配置に着目した方法が考えられる．閉ループ伝達関数の極とは，フィードバック制御系の特性方程式

$$1 + G(s)H(s) = 0 \tag{8.34}$$

の根を示す．そこで根軌跡とは，$G(s)$ に含まれるパラメータ（通常はゲイン）の一つが 0 から ∞ の範囲に変わるとき，それに応じて変化する上式の根が s 平面上に描く軌跡のことをいう．根軌跡は式 (8.34) を解けばもちろん得られるが，それでは意味がない．実際には，エバンス (Evans) によって開発された根軌跡法では，直接代数方程式の根を求めなくとも，$G(s)$ の零点と極の位置を基にして比較的容易に作図することができる．その結果，開ループ伝達関数 $G(s)$ が与えられていれば，根軌跡を描くことにより閉ループ特性を知ることができる．

ここでは，作図法について述べる前に根軌跡の概念を理解するために，根軌跡の代表例を挙げる．図 8.31(a) は 2 次のサーボ系のブロック線図を示す．閉ループ伝達関数の極は，特性方程式 $1 + G(s) = 0$ の根を調べればよい．すなわち，

$$s^2 + s + K = 0 \tag{8.35}$$

となる．上式の根 s_1, s_2 は

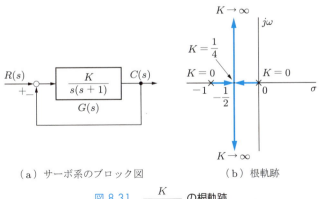

（a）サーボ系のブロック図　　　（b）根軌跡

図 8.31　$\dfrac{K}{s(s+1)}$ の根軌跡

182 第 8 章 フィードバック制御系の設計

$$s_1,\ s_2 = -\frac{1}{2} \pm \frac{1}{2}\sqrt{1-4K} \tag{8.36}$$

で与えられる．根軌跡はゲイン定数 K が 0 から ∞ の範囲に変わるとき，s_1，s_2 が描く根軌跡を求めればよい．そこで，K について場合分けを行えば

$$K = 0 \qquad\qquad s_1 = 0,\quad s_2 = -1$$

$$0 < K < \frac{1}{4} \qquad s_1,\ s_2 は\ s\ 平面の実軸上$$

$$K = \frac{1}{4} \qquad\qquad s_1,\ s_2 = -\frac{1}{2}$$

$$K > \frac{1}{4} \qquad\qquad s_1,\ s_2 = -\frac{1}{2} \pm j\frac{1}{2}\sqrt{4K-1}$$

を得る．図 8.31(b) は，$G(s) = K/s(1+s)$ の根軌跡を描いたものである．ここで，×印は $G(s)$ の極を示す．

この根軌跡より以下のことがわかる．

(i) 根軌跡は s 平面の左半平面にあるので，ゲイン定数 K のいかんにかかわらずこのサーボ系はつねに安定である．

(ii) ゲイン定数 K が，$0 \leq K \leq 1/4$ の範囲ではサーボ系のステップ応答は単調増加を示す．

(iii) $1/4 < K$ のとき，ステップ応答は振動的となる．K の値を大きくすることは減衰率 ζ が小さくなることに対応するので，振動の減衰性は小さくなる．また，K の値を大きくすると速応性を表す ω_n も大きくなる．一方，特性根の実部はつねに $-1/2$ なので，ステップ応答の包絡線の形は変わらない．したがって，ゲイン定数 K を変えても整定時間はほとんど変化しない．

このように閉ループ伝達関数 $G_o(s)$ の極，すなわち特性根の根軌跡がわかると，閉ループ系の周波数特性とともに，その時間特性も大局的に把握することができる．したがって，8.2 節で述べた設計法 I（周波数応答法）と比べると，根軌跡法による設計法の特徴は，閉ループ系の周波数特性と時間特性を同時に把握しながら設計を進められる点にある．

例題 8.6　図 8.32 に示す閉ループ系の根軌跡を描け.

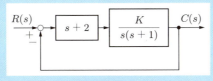

図8.32　閉ループ系

解　開ループ伝達関数は

$$G(s) = \frac{K(s+2)}{s(s+1)}$$

で与えられる.

$$1 + G(s) = 0 \implies s^2 + (1+K)s + 2K = 0$$

上式の根, s_1, s_2 は

$$s_1, s_2 = -\frac{1+K}{2} \pm \frac{1}{2}\sqrt{K^2 - 6K + 1}$$

$K = 0$　　　　　　　$s_1, s_2 = 0, -1$

$0 < K \leq 0.17$　　s_1, s_2 は相異なる実根である.

$0.17 < K \leq 5.83$　s_1, s_2 は共役複素根, すなわち

$$s_1, s_2 = -\frac{1+K}{2} \pm j\frac{1}{2}\sqrt{-K^2 + 6K - 1}$$

$K > 5.83$　　　　s_1, s_2 は相異なる実根である.

　ここで, 共役複素根が複素平面上どのような軌跡を描くかを調べるために, 実部を x, 虚部を y とおくと

$$x = -\frac{1+K}{2}, \quad y = \pm\frac{1}{2}\sqrt{-K^2 + 6K - 1}$$

となる. これらの式から K を消去すると, 次式が得られる.

$$(x+2)^2 + y^2 = 2$$

これは, $-2 + j0$ を中心とし半径が $\sqrt{2}$ の円を示す方程式である.

　図 8.33 は, K を 0 から ∞ まで変えて根軌跡を描いたものである.

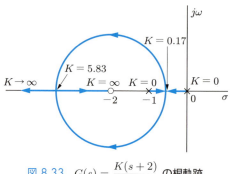

図 8.33　$G(s) = \dfrac{K(s+2)}{s(s+1)}$ の根軌跡

8.3.2　根軌跡法

図 8.31(b) や図 8.33 の根軌跡は，特性方程式

$$1 + G(s)H(s) = 0$$

の根を直接解いて求めたものである．これらの例では 2 次方程式なので容易にその解を求めることができた．しかし，高次のシステムの場合，直接代数方程式の解を求めることは簡単ではない．

エバンスにより開発された根軌跡法では，いくつかの作図上の法則に従えば容易に根軌跡を描くことができる．作図法について述べる前に，まず，s 平面上の任意の点 s_1 が根軌跡上にあるための条件を求めよう．

特性方程式は一般に次の形で表現されるものとする．

$$1 + G(s)H(s) = 1 + \frac{K\prod_{i}^{m}(s+z_i)}{\prod_{j}^{n}(s+p_j)} = 0$$

ただし，$-z_i$ と $-p_j$ はそれぞれ開ループ伝達関数 $G(s)H(s)$ の零点と極である．$G(s)H(s) = -1$ を満足するには，次のゲイン条件と位相条件が成り立つことが必要である．

$$|G(s)H(s)| = \frac{K\prod_{i}^{m}|s+z_i|}{\prod_{j}^{n}|s+p_j|} = 1 \tag{8.37a}$$

$$\angle G(s)H(s) = \sum_{i}^{m}\angle(s+z_i) - \sum_{j}^{n}\angle(s+p_j) = (2k+1)\pi \tag{8.37b}$$

$$k = 0, \pm 1, \pm 2, \cdots$$

いま，s 平面上の任意の点を s_1 とすれば，s_1 が根軌跡上にあるためにはこのゲイン条件と位相条件を満足しなければならない．たとえば，開ループ伝達関数 $G(s)H(s)$ が

$$G(s)H(s) = \frac{K(s+z_1)}{s(s+p_2)(s+p_3)} \tag{8.38}$$

であるとし，その極零点配置は図 8.34 のように与えられるものとする．ある任意の点 s_1 が根軌跡上にあるためには，次の条件を満足しなければならない．

$$\frac{K|s_1+z_1|}{|s_1||s_1+p_2||s_1+p_3|} = 1 \tag{8.39a}$$

$$\angle(s_1+z_1) - \{\angle s_1 + \angle(s_1+p_2) + \angle(s_1+p_3)\} = (2k+1)\pi \tag{8.39b}$$

ここで，$|s_1+z_1|$ は零点 z_1 から点 s_1 に引いたベクトルの絶対値を示し，$\angle(s_1+z_1)$ は正の実軸を基準とする位相 ϕ_{z_1} を示す．したがって，式 (8.39b) は次のように書ける．

$$\phi_{z_1} - (\phi_{p_1} + \phi_{p_2} + \phi_{p_3}) = (2k+1)\pi \tag{8.40}$$

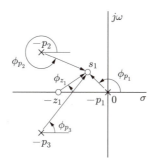

図 8.34　極零点配置

以下に述べる根軌跡作図上の法則は，このゲイン条件と位相条件より導かれる．

法則 1　根軌跡は，開ループ伝達関数 $G(s)H(s)$ の極から出発して，$G(s)H(s)$ の零点で終わる．

$$\frac{\prod\limits_{i}^{m}|s+z_i|}{\prod\limits_{j}^{n}|s+p_j|} = \frac{1}{K}$$

根軌跡の始点は $K = 0$, 終点は $K = \infty$ のときに対応する.

$$始点\,(K = 0) \implies \prod_{j}^{n} |s + p_j| = 0 \quad これを満足する\,s\,は\,G(s)H(s)\,の極$$

$$終点\,(K = \infty) \implies \prod_{i}^{m} |s + z_i| = 0 \quad これを満足する\,s\,は\,G(s)H(s)\,の零点$$

根軌跡を描くときは，まず開ループ伝達関数 $G(s)H(s)$ の極を×印，零点を〇印として複素平面上に示す.

法則 2　根軌跡の分枝の数は $G(s)H(s)$ の極の数に等しい.

法則 1 より根軌跡の分枝は $K = 0$ すなわち $G(s)H(s)$ の極を始点とするので，分枝の数は極の数に等しい. 各分枝は $G(s)H(s)$ の零点に達する. ただし，$G(s)H(s)$ の分母の次数が分子の次数より大きい場合 $(n > m)$，$s \to \infty$（複素平面上の無限遠点を意味する）とするとき $\prod_{i}^{m}(s + z_i) / \prod_{j}^{n}(s + p_j) \to 0$ となる. すなわち，無限遠点も終点となりうる. したがって，$n > m$ のときは根軌跡の分枝 n 個のうち m 個は零点に達し，$(n - m)$ 個は無限遠点に向かう.

法則 3　根軌跡は実軸に対して上下対称である.

特性方程式 $1 + G(s)H(s) = 0$ の根は実根か共役複素根のいずれかであるので，根軌跡は必ず実軸に対して上下対称となる.

法則 4　無限遠点に伸びる根軌跡分枝の漸近線の傾斜角度 ϕ_0 と，漸近線と実軸との交点を σ_0 とすれば，それぞれ次のように与えられる.

$$\phi_0 = \frac{(2k + 1)\pi}{n - m} \qquad k = 0, \pm 1, \pm 2, \dots$$

$$\sigma_0 = -\frac{b_1 - a_1}{n - m} = \frac{G(s)H(s)\,の極の総和 - G(s)H(s)\,の零点の総和}{n - m}$$

ただし，$b_1 = (p_1 + p_2 + \dots + p_n)$, $a_1 = (z_1 + z_2 + \dots + z_m)$ とする.

一般に開ループ伝達関数は次式で表せる.

$$G(s)H(s) = K\frac{\prod_{i}^{m}(s+z_i)}{\prod_{j}^{n}(s+p_j)} = K\frac{s^m + a_1 s^{m-1} + \cdots}{s^n + b_1 s^{n-1} + \cdots}$$

$$= \frac{K}{s^{n-m} + (b_1 - a_1)s^{n-m-1} + \cdots}$$

いま，ある s が根軌跡上にある条件は

$$G(s)H(s) = -1$$

なので，次の関係が成り立つ．

$$\frac{K}{s^{n-m} + (b_1 - a_1)s^{n-m-1} + \cdots} = -1$$

s が十分大きいものとすれば，上式で s^{n-m-1} の項より小さい項を無視できる．その結果，上式は次のようになる．

$$-K \simeq s^{n-m} + (b_1 - a_1)s^{n-m-1} = s^{n-m}\left(1 + \frac{b_1 - a_1}{s}\right)$$

さらに，両辺を $1/(n-m)$ 乗し，ε がきわめて小さいものとして多項式についての公式

$$(1 + \varepsilon)^x = 1 + x\varepsilon$$

を使えば，次式が得られる．

$$(-K)^{\frac{1}{n-m}} \simeq s\left(1 + \frac{b_1 - a_1}{s}\right)^{\frac{1}{n-m}} \simeq s\left(1 + \frac{b_1 - a_1}{s(n-m)}\right)$$

$s = \sigma + j\omega$ を代入すれば

$$\left(\sigma + \frac{b_1 - a_1}{n - m}\right) + j\omega = (-K)^{\frac{1}{n-m}}$$

$$= |K^{\frac{1}{n-m}}|\left\{\cos\frac{(2k+1)\pi}{n-m} + j\sin\frac{(2k+1)\pi}{n-m}\right\}$$

となる．ここで，実部と虚部に分けると次のように書ける．

$$\sigma + \frac{b_1 - a_1}{n - m} = \sigma - \sigma_0 = |K^{\frac{1}{n-m}}|\cos\frac{(2k+1)\pi}{n-m}$$

$$\omega = |K^{\frac{1}{n-m}}|\sin\frac{(2k+1)\pi}{n-m}$$

複素平面上の根軌跡分枝の漸近線の傾斜は

$$\frac{\omega}{\sigma - \sigma_0} = \tan\frac{(2k+1)\pi}{n-m}$$

と与えられるので，その傾斜角度 ϕ_0 は次のようになる．

$$\phi_0 = \frac{(2k+1)\pi}{n-m}$$

さらに，漸近線と実軸との交点 σ_0 は

$$\sigma_0 = -\frac{b_1 - a_1}{n - m}$$

となる．

法則 5 実軸上のある点から右側をみて，$G(s)H(s)$ の極と零点の数の総和が奇数ならば，その点は根軌跡上にある．

この法則は，実軸上のどのような位置が根軌跡の分枝となるかを与えるきわめて有用な法則である．すなわち，図 8.35 に示すように $G(s)H(s)$ の極と零点が与えられているとき，実軸上については青線の部分が根軌跡となることを示す．これは，根軌跡上にあるための位相条件，式 (8.37b) を用いて説明できる．すなわち，図のように極零点配置が与えられているとき，実軸上の任意の点 s_1 が根軌跡上にあるための条件は，

$$\angle(s_1 + z_1) - \{\angle(s_1 + p_1) + \angle(s_1 + p_2) + \angle(s_1 + p_3) + \angle(s_1 + p_4)$$
$$+ \angle(s_1 + p_5)\} = (2k+1)\pi$$

となる．上式は次のように書くこともできる．

$$\phi_{z_1} - (\phi_{p_1} + \phi_{p_2} + \phi_{p_3} + \phi_{p_4} + \phi_{p_5}) = (2k+1)\pi$$

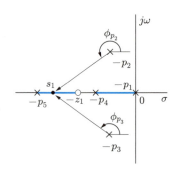

図 8.35 実軸上の根軌跡

まず，共役複素極 p_2, p_3 について考えると，図より明らかなように $\phi_{p_2} + \phi_{p_3} = 0$ となるので位相条件には何の影響も与えない．次に，位相は正の実軸を基準としているので，s_1 より左側にある極 p_5 と s_1 が作る位相角 ϕ_{p_5} は 0 となる．そこで，s_1 より実軸上右側にある極と零点だけが位相角に寄与する．すなわち，右側にある極と零点から s_1 に引いたベクトルの位相は 180° である．したがって，ある点から右側にみた実軸上の極と零点の総和が奇数のとき，$(2k+1)\pi$ を満足する．

この他にも作図上のいくつかの法則があるが，基本的には以上の法則を用いることにより根軌跡の概略を知ることができる．

例題 8.7 開ループ伝達関数が

$$G(s) = \frac{K(s+1)}{s-1}$$

で与えられる閉ループ系の根軌跡を描け．

解 根軌跡作図法を適用する．

法則 1 　始点　$s = 1$
　　　　　終点　$s = -1$
法則 2 　根軌跡の分枝の数　1 本
法則 5 　実軸上の根軌跡　$-1 \leq \sigma \leq 1$ は根軌跡上にある．

図 8.36 の根軌跡において s 平面の右半平面は不安定領域なので，$0 < K \leq 1$ の範囲では不安定で，$K > 1$ のとき安定であることが直観的によくわかる．

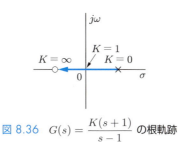

図 8.36　$G(s) = \dfrac{K(s+1)}{s-1}$ の根軌跡

例題 8.8 図 8.37 の閉ループ系について，その根軌跡を描け．

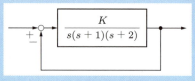

図8.37 閉ループ系

解 開ループ伝達関数

$$G(s) = \frac{K}{s(s+1)(s+2)}$$

について，法則 1〜5 を用いて根軌跡を描くことにする．

法則 1　始点　$s = 0, -1, -2$
　　　　終点　無限遠点

法則 2　根軌跡の分枝の数　3本

法則 3　根軌跡は実軸に対して上下対称

法則 4　$\sigma_0 = \dfrac{(-1-2)}{3-0} = -1$

$\phi_0 = \dfrac{180°}{3-0} = 60°$　　$k = 0$

$\phi_0 = \dfrac{540°}{3-0} = 180°$　　$k = 1$

$\phi_0 = \dfrac{-180°}{3-0} = -60°$　　$k = -1$

法則 5　実軸上の根軌跡，$-1 \leq \sigma \leq 0$，$\sigma \leq -2$ は根軌跡上にある．

以上の結果に基づき根軌跡を描けば，図 8.38 のようになる．ここで，根軌跡が虚軸を横切るときのゲイン定数 K と角周波数 ω は，次のように求められる．

特性方程式 $1 + G(s) = 0$ は

$$s^3 + 3s^2 + 2s + K = 0$$

である．ラウス・フルビッツの安定条件を適用すると

$$K < 6$$

を得る．特性方程式において $K = 6$ とし，s の代わりに $j\omega$ を代入して解けば，根軌跡と s 平面虚軸との交点は $s = \pm j\sqrt{2}$ と求まる．　■

8.3.3　補　償

これまでに，根軌跡は閉ループ系の周波数特性と時間特性を大局的，直接的に把握

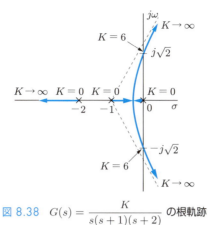

図 8.38 $G(s) = \dfrac{K}{s(s+1)(s+2)}$ の根軌跡

できることを示した．そこで，与えられた開ループ伝達関数に対して，どのような補償をすれば閉ループ特性が希望する特性をもつようになるかという設計問題に対しても，根軌跡は有用であるものと考えられる．

いま，仕様として減衰率と整定時間が

$$\zeta \geq \zeta_d$$
$$T_s \leq t_s$$

と与えられているとき，これを満足する根軌跡の範囲を求めてみよう．

まず，減衰率は

$$\zeta = \dfrac{\alpha}{\omega_n} = \cos\gamma$$

で表される．ζ の値の選び方については，サーボ機構などの追値制御やプロセス制御などの定値制御などにより異なってくるので一概にはいえない．しかし，いずれの場合も行き過ぎ量には制限が加えられるので $\zeta \geq \zeta_d$ となり，s 平面上の根軌跡の許容範囲は図 8.39(a) の青線よりも左側になる．

一方，整定時間は

$$T_s = \dfrac{3}{\zeta\omega_n} \geq t_s$$

であるから，次のように表せる．

$$\zeta\omega_n \geq \dfrac{3}{t_s}$$

$\zeta\omega_n = \alpha$ であり複素数の実部を意味するので，整定時間からの s 平面上根軌跡の許容

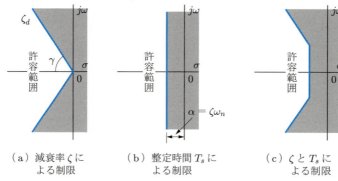

(a) 減衰率 ζ による制限　　(b) 整定時間 T_s による制限　　(c) ζ と T_s による制限

図 8.39　特性根の許容範囲

範囲は図 (b) で示される．図 (c) は，図 (a) と図 (b) の両方を満足する許容範囲を示す．設計に際しては，閉ループ伝達関数の極がこの許容範囲に入るようにゲインを定める必要がある．

ゲイン調整によっても仕様を満足できないときには，何らかの補償を行う必要がある．たとえば，図 8.40(a) に示すブロック線図と根軌跡で示される閉ループ系を考えよう．いま，減衰率を ζ' に設定したとするとゲイン定数が K' と決まる．しかし，この状態では速応性と定常特性を満足しないとする．そこで，図 (b) のブロック線図に示すように，元の開ループ伝達関数に零点の付加（PD 補償）を行うことにする．そ

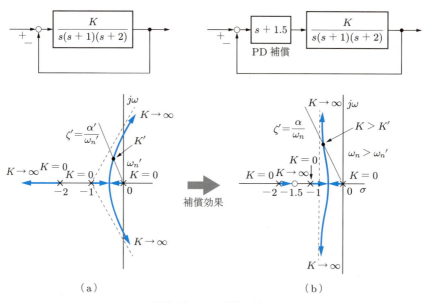

図 8.40　PD 補償の効果

のときの根軌跡の概略図をみると，補償の効果が直観的に把握できる．すなわち，補償の前後で同じ減衰率 ζ' を保持したとしても，補償後 ω_n が大となるので速応性が改善されることがわかる．また，ゲインを K' より大きくとれるので，定常偏差が小さくなり定常特性が改善される．

次に，位相進み補償を行うときの効果についても，補償の前後の根軌跡を見比べることにより明らかとなる．図 8.41(a) に示すブロック線図と根軌跡で示される閉ループ系に対して，位相進み要素

$$G_c(s) = \frac{s+c}{s+b}$$

を適用するものとする．このとき，図 (b) のように根軌跡は左のほうへ移る．その結果，減衰率を一定とすると特性根は点 P から点 P′ へ移るので，速応性が改善されることがわかる．また，根軌跡上にゲインの値を具体的に記入していないので，この概略図ではわかりにくいが，実際にはゲイン定数 K の値を大きくとれるので定常特性も良くなる．

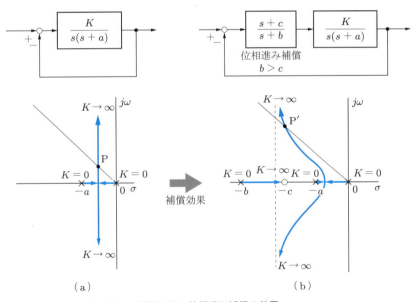

図 8.41 位相進み補償の効果

例題 8.9 図 8.42(a) に示す閉ループ系について，次の仕様に合致するように設計せよ．

(i) 整定時間 $T_s \leq 3\,\mathrm{s}$

(ii) ステップ入力に対する行き過ぎ量 $O_s \leq 10\%$

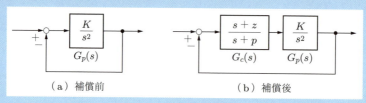

図8.42 位相進み補償

解 図 8.42(a) の根軌跡は，原点に 2 重極をもちゲイン定数 K の変化に対して虚軸上にあり，図 8.43(a) のように示される．図より明らかなように，K をいかに調整してもシステムは安定限界にあり仕様を満足することが不可能である．仕様を満たすには，まず負の実軸上に零点を付加して根軌跡を左方に移す必要がある．

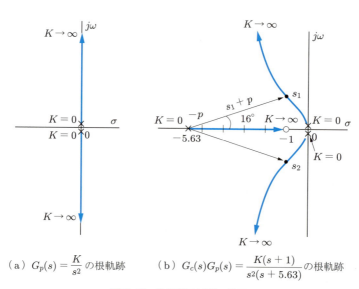

(a) $G_p(s) = \dfrac{K}{s^2}$ の根軌跡 　(b) $G_c(s)G_p(s) = \dfrac{K(s+1)}{s^2(s+5.63)}$ の根軌跡

図 8.43 位相進み補償の効果

そこで，伝達関数 $G_c(s)$ が

$$G_c(s) = \frac{s+z}{s+p} \qquad 0 < z < p$$

で示される位相進み補償を行ってみることにする（図 8.42(b)）．

与えられた仕様から整定時間については次式が成り立つ．

$$T_s = \frac{3}{\zeta \omega_n} \leq 3\,\mathrm{s}$$

ここでは $\zeta\omega_n = \alpha = 1$ としよう．さらに，$O_s = 10\%$ は $\zeta = 0.6$ にほぼ対応するので，$O_s \le 10\%$ は $\zeta \ge 0.6$ とおくことができる．そこで，特性根の配置を，図 8.43(b) に示すように

$$s_1,\ s_2 = -1 \pm j1.33$$

とする（$\zeta = 0.6$ に対応）．

まず，補償要素の零点を $s = -z = -1$ と定める．次に，点 s_1 が根軌跡上にあるためには次の位相条件を満足しなければならない．

$$\angle G_c(s_1)G(s_1) = (2k+1)180°$$

すなわち，

$$\angle(s_1 + z) - \angle s_1{}^2 - \angle(s_1 + p) = (2k+1)180°$$

となる．$\angle(s_1 + p)$ 以外は図 8.43(b) よりわかっているので，

$$\angle(s_1 + p) = 90° - 2 \times (127°) - 180° = -344° = 16°$$

となり，実軸上の極 p は

$$s = -p = -5.63$$

と求められる．その結果，補償後の開ループ伝達関数は

$$G_c(s)G_p(s) = \frac{K(s+1)}{s^2(s+5.63)}$$

となる．

ゲイン定数 K を求めるには，ゲイン条件を用いればよい．

$$|G_c(s_1)G_p(s_1)| = 1$$

すなわち，

$$K = \frac{|s_1|^2|s_1 + 5.63|}{|s_1 + 1|} = \frac{1.66^2 \times 4.82}{1.33} = 10$$

となる．

演習問題

8.1 開ループ伝達関数が

$$G(s) = \frac{K}{s(s+2)}$$

で与えられるフィードバック制御系がある．ボード線図を用いて，次の仕様を満たす位相進み補償を行え．

(i) 位相余裕　$\text{PM} = 45°$
(ii) 定常速度偏差　$\varepsilon_v = 0.05$

8.2 図 8.44 のサーボ系について以下の問いに答えよ．

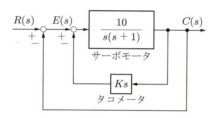

図 8.44

(1) このサーボ系において減衰率が $\zeta = 0.5$ となるように，タコメータ定数 K を定めよ．
(2) タコメータフィードバックがこの系のバンド幅に与える影響について述べよ．
(3) 単位ランプ関数 $r(t) = t$ がこの系に印加されるときの，定常速度偏差を求めよ．

8.3 図 8.45 に示す定値制御系について，以下の問いに答えよ．

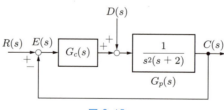

図 8.45

(1) この系はゲイン補償 $G_c(s) = K$ のみでは安定化することができないことを，ナイキスト線図を用いて示せ．
(2) $G_c(s)$ として PD 補償，すなわち

$$G_c(s) = K_P(1 + T_D s)$$

を用いたとき，系を安定化するには K_P および T_D をどのように選んだらよいか．ま

た，PD 補償を行ったときのナイキスト線図を示せ．
(3) PD 補償を用いたとき，単位ステップ関数の外乱に対して定常偏差を 0.2 以下とするためには，K_P をどのように選べばよいか．

8.4 開ループ伝達関数が

$$G(s) = \frac{K(1+sT_3)}{(1+sT_1)(1+sT_2)}$$

で与えられる閉ループ系がある．下記の (1)，(2)，(3) それぞれの場合に対してこの系の根軌跡を描け．

(1) $T_1, T_2 > 0, \quad T_3 = 0$
(2) $T_3 > T_2 > T_1 > 0$
(3) $T_2 > T_3 > T_1 > 0$

8.5 図 8.46 の制御系 (a)，(b) それぞれの根軌跡を描き，PD 補償の効果について述べよ．

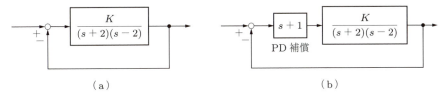

図 8.46

演習問題解答

第2章

2.1

解図 2.1

2.2 G と縦続に前向き要素として新たに H を加えると，出力は

$$y = GH(x \pm b)$$

となる．その結果，図 2.13(a) の出力 y と比べて余分に H 倍したことになる．そこで図 (a) と同じにするには，x, b をそれぞれ $1/H$ 倍すればよい．

2.3

解図 2.2

2.4 ブロック線図において，$d = 0$ として y/x を，$x = 0$ として y/d をそれぞれ求めればよい．

$$\frac{y}{x} = \frac{G_1 G_2 G_3}{1 + G_3 + G_1 G_2 G_3}, \quad \frac{y}{d} = \frac{G_2 G_3}{1 + G_3 + G_1 G_2 G_3}$$

2.5

$$\delta_o = \frac{\Delta G_o}{G_o} = \frac{\Delta G}{G} \cdot \frac{1}{1 + (G + \Delta G)H}$$

フィードバックがあるときのゲイン変動 δ_o は，$GH = 9$ なので $\delta_o \simeq 0.01$（1%）となる．フィードバックがないときのゲイン変動 $\delta = \Delta G/G = 0.1$（10%）と比べると，$1/10$ に変動が抑制される．

第3章

3.1 (1) $(5\angle 30°)(0.2\angle 75°) = (5 \times 0.2)\angle(30° + 75°) = 1\angle 105°$

(2) $\dfrac{6\angle 120°}{10\angle -30°} = \dfrac{6}{10}\angle(120°-(-30°)) = 0.6\angle 150°$

(3) $(2+j2)(3+j5) = (2.828\angle 45°)(5.831\angle 59°) = 16.5\angle 104°$

3.2 (a) $f(t) = M\dfrac{d^2x(t)}{dt^2} + Kx(t)$

本文の表 3.1 の機械系と電気系の対応関係を用いると，次式を得る．

$$v(t) = L\dfrac{d^2q(t)}{dt^2} + \dfrac{1}{C}q(t) = L\dfrac{di(t)}{dt} + \dfrac{1}{C}\int i(t)dt$$

等価な電気回路を解図 3.1(a) に示す．

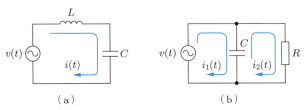

解図 3.1

(b) $f(t) = K(x_1(t) - x_2(t)) = B\dfrac{dx_2(t)}{dt}$

$$v(t) = \dfrac{1}{C}\int i_1(t)dt - \dfrac{1}{C}\int i_2(t)dt = Ri_2(t)$$

等価な電気回路を図 (b) に示す．

3.3 本文式 (3.19) 参照．

$$f(t) = M\dfrac{d\nu(t)}{dt} + B\nu(t) + K\int \nu(t)dt$$

上式をラプラス変換すると

$$F(s) = Ms N(s) + BN(s) + \dfrac{KN(s)}{s}$$

を得る．$F(s) = 2/s$ として $N(s)$ を求める．すなわち，

$$N(s) = \dfrac{2}{Ms^2 + Bs + K} = \dfrac{2}{s^2 + 2s + 2} = \dfrac{2}{(s+1)^2 + 1^2}$$

速度 $\nu(t) = \mathcal{L}^{-1}[N(s)] = 2e^{-t}\sin t$

加速度 $\alpha(t) = \dfrac{d\nu(t)}{dt} = 2e^{-t}(\cos t - \sin t) = 2\sqrt{2}\,e^{-t}\sin(t+135°)$

3.4 (1) $\dfrac{2}{5}\left(1 - e^{-5t} - 5te^{-5t}\right)$

(2) $0.2 + \dfrac{(-3-j4)e^{-t}e^{j3t}}{30} + \dfrac{(-3+j4)e^{-t}e^{-j3t}}{30}$

$= 0.2 + \dfrac{1}{15}e^{-t}(-3\cos 3t + 4\sin 3t)$

$= 0.2 + \dfrac{1}{3}e^{-t}\sin(3t - 36.9°)$

3.5 (1) $V(s) = LsI(s) + \dfrac{1}{Cs}I(s) + RI(s)$

$I(s) = \dfrac{sV(s)}{Ls^2 + Rs + \dfrac{1}{C}} = \dfrac{1}{0.5s^2 + 4s + 2} = \dfrac{2}{s^2 + 8s + 4}$

(2) $i(t) = \mathcal{L}^{-1}[I(s)] = \dfrac{1}{2\sqrt{3}}\{e^{-(4-2\sqrt{3})t} - e^{-(4+2\sqrt{3})t}\}$

(3)

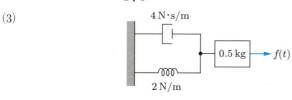

解図 3.2

第 4 章

4.1 各質量 M, m に働く力を解図 4.1 に示す．したがって，次の微分方程式が成り立つ．

$f(t) = M\dfrac{d^2x_1(t)}{dt^2} + B\left\{\dfrac{dx_1(t)}{dt} - \dfrac{dx_2(t)}{dt}\right\} + K(x_1 - x_2)$

$m\dfrac{d^2x_2(t)}{dt^2} = B\left\{\dfrac{dx_1(t)}{dx} - \dfrac{dx_2(t)}{dt}\right\} + K(x_1 - x_2)$

ラプラス変換して $X_2(s)/F(s)$ を求めることができる．

$\dfrac{X_2(s)}{F(s)} = \dfrac{Bs + K}{s^2\{Mms^2 + (M+m)Bs + (M+m)K\}}$

解図 4.1

4.2 $v_o(t) = K\{v_p(t) - v_n(t)\}$

$$\frac{v_i(t) - v_p(t)}{R} = C\frac{dv_p(t)}{dt}, \quad \frac{0 - v_n(t)}{R_1} = \frac{v_n(t) - v_o(t)}{R_2}$$

$$\frac{V_o(s)}{V_i(s)} \fallingdotseq \left(1 + \frac{R_2}{R_1}\right)\frac{1}{1 + sRC}$$

ただし，$K \gg 1$ とする．$s = j\omega$ とすれば，ゲイン特性 $|V_o(j\omega)/V_i(j\omega)|$ が与えられる．その概形は**解図 4.2** のように表され，低域通過特性を示すことがわかる．

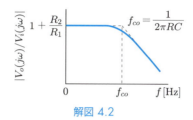

解図 4.2

4.3 $v_i(t) = R_1 i_1(t) + \frac{1}{C}\int i_1(t)dt - \frac{1}{C}\int i_2(t)dt$

$0 = L\frac{di_2(t)}{dt} + R_2 i_2(t) + \frac{1}{C}\int i_2(t)dt - \frac{1}{C}\int i_1(t)dt$

$v_o(t) = R_2 i_2(t)$

ラプラス変換すると次のようになる．

$V_i(s) = R_1 I_1(s) + \frac{1}{Cs}I_1(s) - \frac{1}{Cs}I_2(s)$

$0 = LsI_2(s) + R_2 I_2(s) + \frac{1}{Cs}I_2(s) - \frac{1}{Cs}I_1(s)$

$V_o(s) = R_2 I_2(s)$

$I_1(s)$，$I_2(s)$ を消去して $V_o(s)/V_i(s)$ を求めると，次式を得る．

$$\frac{V_o(s)}{V_i(s)} = \frac{R_2}{R_1 L C s^2 + (L + R_1 R_2 C)s + R_1 + R_2}$$

ブロック線図を**解図 4.3** に示す．

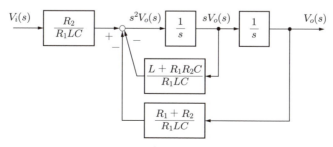

解図 4.3

202 演習問題解答　第 4 章

4.4 (1) $\dfrac{Q_o(s)}{Q_i(s)} = \dfrac{1}{1 + sRC}$ 　　解図 4.4(a) にそのブロック線図を示す．ただし，$C = A/\rho$.

$$Q_i(s) \rightarrow \boxed{\dfrac{1}{RC}} \xrightarrow[-]{+} sQ_o(s) \rightarrow \boxed{\dfrac{1}{s}} \rightarrow Q_o(s)$$

$$\boxed{\dfrac{1}{RC}}$$

（a）

$$Q_i(s) \rightarrow \boxed{\dfrac{1}{RC_1}} \xrightarrow[+]{-} \boxed{\dfrac{1}{s}} \rightarrow Q'(s) \rightarrow \boxed{\dfrac{1}{RC_2}} \xrightarrow[-]{+} \boxed{\dfrac{1}{s}} \rightarrow Q_o(s)$$

$$\boxed{\dfrac{1}{RC_1}} \qquad \boxed{\dfrac{1}{RC_2}}$$

（b）

解図 4.4

(2) $q_i(t) - q'(t) = A_1 \dfrac{dh_1(t)}{dt}, \quad q'(t) = \dfrac{\rho}{R}\{h_1(t) - h_2(t)\}$

$q'(t) - q_o(t) = A_2 \dfrac{dh_2(t)}{dt}, \quad q_o(t) = \dfrac{\rho}{R}h_2(t)$

これらの式をラプラス変換して $Q_o(s)/Q_i(s)$ を求めると，次式を得る．

$$\frac{Q_o(s)}{Q_i(s)} = \frac{1}{R^2 C_1 C_2 s^2 + R(2C_1 + C_2)s + 1}$$

ただし，$C_1 = A_1/\rho$, $C_2 = A_2/\rho$ とする．
　ブロック線図を図 (b) に示す．

4.5 (1) $\dfrac{\Theta(s)}{Q_i(s)} = \dfrac{R}{1 + sRC}$ 　　ブロック線図を解図 4.5(a) に示す．

(2) $q_i(t) - q_1(t) = C_1 \dfrac{d\theta_1(t)}{dt}, \quad q_1(t) = \dfrac{1}{R_1}\{\theta_1(t) - \theta_2(t)\}$

$q_1(t) - q_2(t) = C_2 \dfrac{d\theta_2(t)}{dt}, \quad q_2(t) = \dfrac{1}{R_2}\theta_2(t)$

ラプラス変換して $\Theta_2(s)/Q_i(s)$ を求めれば

$$\frac{\Theta_2(s)}{Q_i(s)} = \frac{R_2}{T_1 T_2\, s^2 + (T_1 + T_2 + T_{12})s + 1}$$

となる．ただし，$T_1 = R_1 C_1$, $T_2 = R_2 C_2$, $T_{12} = R_2 C_1$ とする．
　ブロック線図を図 (b) に示す．

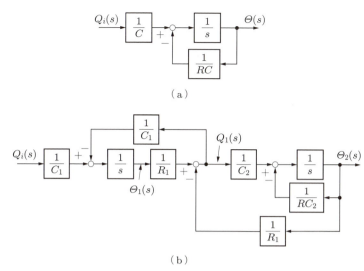

解図 4.5

第 5 章

5.1 このシステムの閉ループ伝達関数は

$$G_o(s) = \frac{\Theta_o(s)}{\Theta_i(s)} = \frac{1}{1 + s\dfrac{\pi}{10\,K_0}} = \frac{1}{1 + sT}$$

となり，1 次遅れ要素である．その時定数 T が $0.1\,\mathrm{s}$ であることから，$K_0 = \pi$ とすればよい．

5.2 閉ループ伝達関数は次式のように書ける．

$$G_o(s) = \frac{4K}{s^2 + 4s + 4K} = \frac{\omega_n{}^2}{s^2 + 2\zeta\omega_n s + \omega_n{}^2}$$

2 次系伝達関数の一般形と対比させることにより

$$\omega_n = 2\sqrt{K}, \quad 2\zeta\omega_n = 4$$

を得る．$O_s \leq 10\%$ にするには，$\zeta \geq 0.6$ とすればよい．$\zeta = 1/\sqrt{K} \geq 0.6$，すなわち $K \leq 2.78$ に選べばよい．

5.3

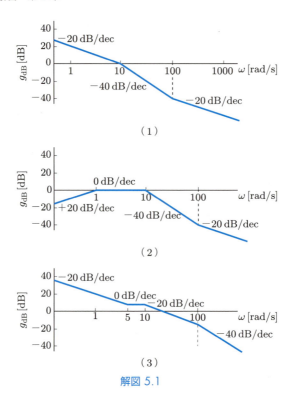

解図 5.1

5.4 ナイキスト線図は省略．

(1) $[G(s)]_{s=j\omega} = G(j\omega) = \dfrac{10}{j\omega(1+j0.5\omega)} = \dfrac{-5\omega - j10}{\omega(1+0.25\omega^2)}$

$\omega = 2\ :\ G(j\omega) = -2.5 - j2.5,\ |G(j\omega)| = 3.54,\ \angle\theta(\omega) = 225° = -135°$

$\omega = 5\ :\ G(j\omega) = -0.690 - j0.276,\ |G(j\omega)| = 0.743,\ \angle\theta(\omega) = 202° = -158°$

$\omega = 10\ :\ G(j\omega) = -0.192 - j0.0385,\ |G(j\omega)| = 0.196,\ \angle\theta(\omega) = 191° = -169°$

(2) $[G(s)]_{s=j\omega} = G(j\omega) = \dfrac{10}{(1+j0.5\omega)(1+j0.05\omega)} = \dfrac{10(1-0.025\omega^2 - j0.55\omega)}{(1+0.25\omega^2)(1+0.0025\omega^2)}$

$\omega = 2\ :\ G(j\omega) = 4.46 - j5.45,\ |G(j\omega)| = 7.04,\ \angle\theta(\omega) = 309° = -51°$

$\omega = 5\ :\ G(j\omega) = 0.487 - j3.57,\ |G(j\omega)| = 3.60,\ \angle\theta(\omega) = 278° = -82°$

$\omega = 10\ :\ G(j\omega) = -0.462 - j1.69,\ |G(j\omega)| = 1.75,\ \angle\theta(\omega) = 255° = -105°$

5.5 (1) $G(s) = \dfrac{30000(s+30)}{s(s+10)(s+300)}$

(2) $G(s) = \dfrac{16000}{3} \cdot \dfrac{(s+15)(s+1000)}{(s+4)^2(s+100)(s+500)}$

第 6 章

6.1 (1) 特性方程式は次式で与えられる.

$$2s^3 + 3s^2 + (1+5KT)s + 5K = 0$$

ラウス・フルビッツの安定別判法より，$K > 0$ および $5K(2-3T) < 3$ ならば安定である.

(2) $2 - 3T < 3/5K$，$K \to \infty$ とすると $3/5K \to 0$. したがって，$T > 2/3$ である.

6.2 ナイキスト線図の概形を**解図** 6.1 に示す．図上の ω_1, ω_2 はそれぞれ次のように求められる.

$$\text{Im}[G(j\omega)] = 0 \text{ より, } \omega_1 = \frac{1}{\sqrt{T_1T_2 + T_1T_3 + T_2T_3}}$$

$$\text{Re}[G(j\omega)] = 0 \text{ より, } \omega_2 = \sqrt{\frac{T_1 + T_2 + T_3}{T_1T_2T_3}}$$

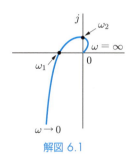

解図 6.1

6.3 特性方程式を次式に示す.

$$10s^3 + 21s^2 + 12s + K + 1 = 0$$

ラウス・フルビッツの安定判別法を用いると，$K_o = 24.2$ と求まる.

$\text{Im}[G(j\omega)] = 0$ より $\omega_o = \sqrt{6/5}$，ナイキスト線図の概形を**解図** 6.2 に示す.

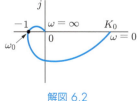

解図 6.2

6.4 $G(j\omega)$ のゲインと位相は次のように与えられる.

$$|G(j\omega)| = \frac{K}{\omega}, \quad \phi(\omega) = -\omega L - \frac{\pi}{2}$$

ゲイン交差周波数は $\omega_c = K$ である．位相余裕 $\mathrm{PM} = 20°$ のときは

$$\mathrm{PM} = \pi + \phi(\omega_c) = 20° = \frac{1}{9}\pi \,[\mathrm{rad}]$$

が成り立つので，$KL = (7/18)\pi$ を得る．また，$\mathrm{PM} = 50°$ のときは

$$\mathrm{PM} = \pi + \phi(\omega_c) = 50° = \frac{5}{18}\pi \,[\mathrm{rad}]$$

となり $KL = (2/9)\pi$ を得る．したがって，$(2/9)\pi \leq KL \leq (7/18)\pi$ となる．

6.5 ボード線図の概形を**解図 6.3** に示す．$\omega = 2.46$ のときの $\phi(\omega) = \angle G(j\omega)H(j\omega)$ を $\tau = 0,\ 0.2\,\mathrm{s}$ について求めると，次のようになる．

$$\tau = 0,\quad \phi(2.46) = \angle \frac{4}{(1+j0.5\omega)^3} = -3\tan^{-1}(0.5 \times 2.46) = -152.7°$$

$$\tau = 0.2\,\mathrm{s},\quad \phi(2.46) = \angle e^{-j0.2\omega} + \angle \frac{4}{(1+j0.5\omega)^3} = -28.2° - 152.7° = -180.9°$$

したがって，$\tau = 0$ のとき $\mathrm{PM} = 27.3°$，$\tau = 0.2\,\mathrm{s}$ のときはこのシステムは不安定となる．

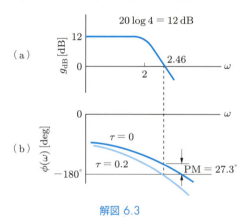

解図 6.3

第 7 章

7.1 (1) ニコルス線図の解答は省略．
(2) $G(s)$ のニコルス線図上の $M = -3\,\mathrm{dB}$ を横切るときの ω を求めれば，

$$K = 1 \quad \omega_b = 1.2\,\mathrm{rad/s}$$
$$K = 10 \quad \omega_b = 10\,\mathrm{rad/s}$$

となる．また，そのときの位相角 ϕ_b は

$$K = 1 \quad \phi_b = 60° = 1.047\,\mathrm{rad}$$

$$K = 10 \qquad \phi_b = 155^\circ = 2.705\,\text{rad}$$

と読み取ることができる．したがって，T_d と T_r はそれぞれ次のように求められる．

$$K = 1 \qquad T_d = 0.873\,\text{s}, \quad T_r = 2.618\,\text{s}$$

$$K = 10 \qquad T_d = 0.271\,\text{s}, \quad T_r = 0.314\,\text{s}$$

7.2　閉ループ伝達関数 $G_o(s)$ は次式で与えられる．

$$G_o(s) = \frac{10K}{s^2 + 10s + 10K} = \frac{\omega_n{}^2}{s^2 + 2\zeta\omega_n s + \omega_n{}^2}$$

$$\omega_n = \sqrt{10K}, \quad 2\zeta\omega_n = 10 \qquad O_s \leq 10\%を満足するには K \leq 6.94.$$

次に，定常速度偏差 $\varepsilon_v \leq 0.2$ の条件は次のように示される．

$$\varepsilon_v = \lim_{s \to 0} s \frac{1}{1 + \dfrac{K}{s(1 + 0.1s)}} \frac{1}{s^2} = \frac{1}{K} \leq 0.2$$

上式より $K \geq 5$ を得る．したがって，条件 (i) と (ii) を同時に満足するには

$$5 \leq K \leq 6.94$$

と選べばよい．

　一方，仕様として $\varepsilon_v \leq 0.1$ のとき $K \geq 10$ となる．$O_s \leq 10\%$ を満足するには $K \leq 6.94$ である．このような場合，二つの条件を同時に満足するように K を選ぶことはできない．

7.3　閉ループ伝達関数は次式で示される．

$$G_o(s) = \frac{\dfrac{K}{T}}{s^2 + \dfrac{s}{T} + \dfrac{K}{T}} = \frac{\omega_n{}^2}{s^2 + 2\zeta\omega_n s + \omega_n{}^2}$$

$$\omega_n = \sqrt{\frac{K}{T}}, \quad 2\zeta\omega_n = \frac{1}{T} \text{ より，} \zeta = \frac{1}{2\sqrt{KT}} = 0.5. \text{ したがって，} \sqrt{KT} = 1.$$

入力 $r(t) = 1 + t$ に対する定常偏差は

$$\lim_{s \to 0} s \frac{1}{1 + \dfrac{K}{s(1 + sT)}} \left(\frac{1}{s} + \frac{1}{s^2} \right) = \frac{1}{K} = 0.1$$

したがって，$K = 10$，$T = 1/10$ を得る．

7.4　特性方程式は次式のように与えられる．

$$2s^3 + 3s^2 + (1 + 3.25K)s + 5K = 0$$

208 演習問題解答　第 8 章

ラウス・フルビッツの安定条件より，$K < 12$ のとき安定である．定常速度偏差は

$$\varepsilon_v = \lim_{s \to 0} s \frac{1}{1 + \dfrac{K(1 + 0.65s)}{1 + 2s} \cdot \dfrac{5}{s(1 + s)}} \cdot \frac{1}{s^2} = \frac{1}{5K} \le 0.05$$

なので $K \ge 4$ と求まる．したがって，$4 \le K < 12$ となる．

7.5　（1）特性方程式は

$$s^3 + (2 + 10K)s^2 + (0.25 + 80K)s + 0.5 = 0$$

である．フルビッツの安定条件を適用すると

$$D_1 = 2 + 10K > 0, \quad D_2 = (162.5 + 800K)K > 0$$

を満足すればこのシステムが安定であることがわかる．すなわち，$K > 0$ ならばつねに安定である．これを絶対安定という．

　（2）定常偏差は $\lim_{s \to 0} s\{R(s) - \Theta(s)\}$ で与えられる．

$R(s) = 0$ として $D(s) = 1/s$ に対する定常偏差を求める．

$$\lim_{s \to 0} s \frac{G_2(s)}{1 + s\, G_1(s)G_2(s)} \cdot \frac{1}{s} = G_2(0) = 40$$

第 8 章

8.1　まず，定常速度偏差 $\varepsilon_v = 0.05$ を満足するために $K = 40$ と定める．ボード線図（省略）より，ゲイン特性が $0\,\mathrm{dB}$ を横切るときの角周波数は $\omega_c = 6\,\mathrm{rad/s}$ と読み取れる．このときの位相は

$$\angle G(j\omega) = -90° - \tan^{-1}(0.5\omega) = -162°$$

となり，$\mathrm{PM} = 18°$ である．仕様を満たすには，$45° - 18° = 27°$ だけ位相を進める必要がある．補償要素付加による ω_c の増加にともなう位相余裕の減少分を見込んで，$27° + 3° = 30°$ 位相を進めることにする．位相進みの最大値 ϕ_m は

$$\sin \phi_m = \frac{\alpha - 1}{\alpha + 1} = 0.5, \quad \alpha = 3$$

最大位相進みを生じる角周波数 ω_m を補償要素付加後の ω_c と一致させる．ω_m におけるゲインは，本文図 8.16 からわかるように $(20 \log \alpha)/2$ とすることにより求められる．

$$10 \log \alpha = 4.8\,\mathrm{dB}$$

$20 \log |G(j\omega)| = -4.8\,\mathrm{dB}$ となる角周波数が ω_c，すなわち ω_m を与える．

$$\omega_m = 8\,\text{rad/s}, \quad 1/T = \sqrt{\alpha}\,\omega_m = 13.9, \quad 1/\alpha T = 4.62$$

したがって，位相進み要素の伝達関数は

$$G_c(s) = \frac{1 + 0.217s}{1 + 0.0719s}$$

と求まる．確認のため，このときの位相 $\phi(\omega_c)$ を求めてみる．

$$\phi(\omega_c) = -90° - \tan^{-1}(0.5 \times 8) + \tan^{-1}(0.217 \times 8) - \tan^{-1}(0.0719 \times 8)$$
$$= -90° - 76° + 60° - 30° = -136°$$

結果として PM $= 44°$ となり，仕様として与えられた PM $= 45°$ をほぼ満足していることがわかる．

8.2 （1）閉ループ伝達関数は次式で与えられる．

$$G_o(s) = \frac{C(s)}{R(s)} = \frac{10}{s^2 + (1 + 10K)s + 10}$$

$\omega_n = \sqrt{10}$, $2\zeta\omega_n = 1 + 10K$, したがって，$K = (\sqrt{10} - 1)/10$ となる．

（2）タコメータフィードバックなしのとき，サーボモータの時定数 $T = 1$ である．タコメータフィードバックありのとき，$K = (\sqrt{10} - 1)/10$ としてサーボモータ，タコメータを含むループの伝達関数は

$$G_o{}'(s) = \frac{C(s)}{E(s)} = \frac{\dfrac{10}{\sqrt{10}}}{s\left(1 + \dfrac{1}{\sqrt{10}}s\right)}$$

となる．その結果，サーボモータの時定数に比べて $1/\sqrt{10}$ となり，バンド幅が広がったことになる．

（3）$\varepsilon_v = \lim_{s \to 0} sE(s) = \dfrac{1 + 10\,K}{10} = \dfrac{\sqrt{10}}{10}$

8.3 （1）ナイキスト線図の概形を解図 8.1(a) に示す．K_P の値のいかんにかかわらず，つねに点 $(-1,\,j0)$ を右にみており不安定である．

（2）PD 補償を行ったとき特性方程式は，

$$s^3 + 2s^2 + K_P T_D s + K_P = 0$$

となる．ラウス・フルビッツの安定判別法より $K_P > 0$, $T_D > 1/2$ のとき安定となることがわかる．また，ナイキスト線図を図 (b) に示す．

（3）$E(s) = -\dfrac{G_P(s)}{1 + G_c(s)G_P(s)}D(s)$

$\lim_{s \to 0} sE(s) \leq 0.2$ から $K_P \geq 5$ と求まる．

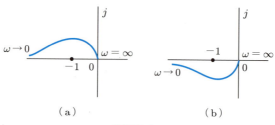

解図 8.1

8.4
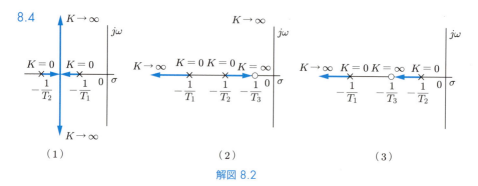

解図 8.2

8.5 図 8.46(a), (b) の根軌跡を**解図 8.3** に示す. 図よりわかるように, PD 補償を行わない場合は, s 平面上の右半平面に根軌跡があるので, K のいかんにかかわらずつねにこのシステムは不安定である. PD 補償を行い $K > 4$ にとれば, 根軌跡はすべて左半面上になり安定となる. また, 根軌跡が実軸上にあるので, そのステップ応答に振動成分はなく単調増加となり, 過制動の状態となる.

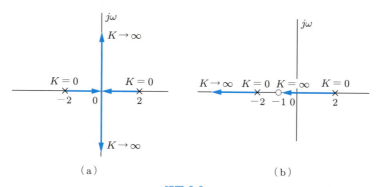

解図 8.3

参考図書

(1) ディールス著，平田寛訳：古代技術，創元社，1943 年

(2) 中山秀太郎：オートメーション，岩波新書，1957 年

(3) ホルブルーク著，宮脇一男訳：エレクトロニクスエンジニアのためのラプラス変換，朝倉書店，1962 年

(4) B.C. Kuo：Automatic Control Systems, Prentice-Hall, 1963 年

(5) 市川邦彦：体系　自動制御理論，朝倉書店，1966 年

(6) 高橋安人：システムと制御，岩波書店，1968 年

(7) P.-M. シュル著，粟田賢三訳：機械と哲学，岩波新書，1972 年

(8) 福島弘毅：制御工学基礎論，丸善，1973 年

(9) T.F. Bogart, Jr.：Laplace Transforms and Control Systems Theory for Technology, John Wiley & Sons, 1982 年

(10) 計測自動制御学会編：自動制御ハンドブック，オーム社，1983 年

(11) D.K. Anand：Introduction to Control Systems, Pergamon Press, 1984 年

(12) G.F. Franklin, J.D. Powell, & A. Emami-Naeini：Feedback Control of Dynamic Systems, Addison-Wesley, 1986 年

(13) R.C. Dorf：Modern Control Systems, Addison-Wesley, 1986 年

(14) W.H. Hayt, Jr. & J.E. Kemmerly：Engineering Circuit Analysis, McGraw-Hill, 1986 年

索 引

英数字

0 形の制御系	type 0 system	142
1 形の制御系	type 1 system	142
1 次遅れ要素	first order lag element	84
1 次進み要素	first order lead element	89
2 形の制御系	type 2 system	142
2 次遅れ要素	second order lag element	92
2 次要素	second order element	92
M 軌跡	M circle	137
N 軌跡	N circle	138
PID 調節計	PID controller	179
PID 動作	proportional plus integral plus derivative action	179
s 平面	s-plane	69
s 領域	s-domain	44

あ 行

アクチュエータ	actuator	14
安定限界	borderline stability	112
安定性	stability	108
安定度	degree of stability	125
安定判別	stability criterion	109
行き過ぎ量	overshoot	97
位相遅れ補償	phase lag compensation	161
位相遅れ要素	phase lag element	159
位相交差周波数	phase crossover frequency	118
位相条件	angle condition	184
位相進み遅れ補償	phase lead-lag compensation	171
位相進み遅れ要素	phase lead-lag element	171
位相進み補償	phase lead compensation	166
位相進み要素	phase lead element	166
位相特性	phase characteristic	57
位相余裕	phase margin	126
インパルス応答	impulse response	35
演算増幅器	operational amplifier	20
応答	response	4
遅れ時間	delay time	132
オートメーション	automation	2
オフセット	offset	132

か 行

外乱	disturbance	9
開ループ系	open loop control system	8
開ループ周波数伝達関数	open loop frequency transfer function	137
開ループ制御	open loop control	8
開ループ伝達関数	open loop transfer function	66
重ね合わせの原理	principle of superposition	7
加速度入力	acceleration input	141
過渡応答特性	transient response characteristic	112
過渡特性	transient characteristic	130
環境	environment	4
機械系	mechanical system	32
帰還増幅器	feedback amplifier	20
基準入力信号	reference input signal	14
基準入力要素	reference input element	14

基本伝達関数　　transfer function of basic elements　77
共振周波数　　resonant frequency　100
極　　pole　76
極大値　　resonant peak　100
極零点仕様　　pole-zero specification　150
極零点配置　　pole-zero configuration　185
加え合わせ点　　summing point　15
系　　system　3
ゲイン交差周波数　　gain crossover frequency　126
ゲイン条件　　magnitude condition　184
ゲイン調整　　gain adjustment　155
ゲイン定数　　gain constant　72
ゲイン特性　　gain characteristic　57
ゲイン余裕　　gain margin　125
減衰性　　damping characteristic　23
減衰率　　damping ratio　93
固有周波数　　natural frequency　93
根軌跡　　root locus　181
根軌跡法　　root locus method　184
コントローラ　　controller　13

さ 行

最小位相要素　　minimum phase element　104
サブシステム　　subsystem　4
サーボ機構　　servomechanism　10
サーボ系　　servo system　10
時間応答　　time response　130
時間応答仕様　　time response specification　151
時間領域　　time domain　41
システム　　system　3
持続振動　　pure oscillation　112
持続振動周波数　　pure oscillation frequency　118
時定数　　time constant　84
自動制御　　automatic control　10
シミュレーション　　simulation　33

シミュレータ　　simulator　33
遮断周波数　　cutoff frequency　86
周波数応答　　frequency response　57
周波数応答仕様　　frequency response specification　151
周波数伝達関数　　frequency transfer function　58
周波数特性　　frequency characteristic　57
周波数領域　　frequency domain　41
出力　　output　4
手動制御　　manual control　10
信号　　signal　4
ステップ応答　　step response　38
正帰還　　positive feedback　9
制御　　control　7
制御系　　control system　8
制御工学　　control engineering　8
制御対象　　controlled system　13
制御動作信号　　actuating signal　15
制御要素　　control element　15
制御量　　controlled variable　13
整定時間　　settling time　132
正のフィードバック　　positive feedback　9
積分時間　　integral (reset) time　178
積分要素　　integral element　80
設計仕様　　specification　23
折点周波数　　breakpoint frequency　87
線形性　　linearity　7
線形微分方程式　　linear differential equation　32
操作量　　manipulated variable　15
速応性　　speed of response　23

た 行

代表根　　dominant root　113
タコメータ　　tachometer　175
たたみ込み積分　　convolution integral　37
立上り時間　　rise time　132
単位インパルス関数　　unit impulse function　34

単位ステップ関数　unit step function　38

単位ランプ関数　unit ramp function　45

調節計　process controller　178

直流ゲイン　dc gain　18

直列補償　cascade compensation　159

直結フィードバック系　unity feedback system　130

追値制御　follow up control　10

定常位置偏差　steady state position error　142

定常加速度偏差　steady state acceleration error　143

定常速度偏差　steady state velocity error　143

定常特性　steady state characteristic　23, 130

定常偏差　steady state error　24

定値制御　constant value control　10

デルタ関数　delta function　34

電気系　electrical system　31

伝達関数　transfer function　63

伝達要素　transfer element　5

特性根　characteristic root　113

特性方程式　characteristic equation　113

トランスデューサ　transducer　5

な 行

ナイキスト線図　Nyquist diagram, Nyquist plot　70

ナイキストの安定判別法　Nyquist stability criterion　117

ニコルス線図　Nichols chart　72

入力　input　4

熱系　thermal system　33

は 行

引き出し点　starting point　16

非最小位相要素　nonminimum phase element　105

微分時間　derivative time　178

微分要素　derivative element　77

比例積分動作　proportional plus integral action　178

比例微分動作　proportional plus derivative action　178

フィードバック制御　feedback control　8

フィードバック制御系　feedback control system　8

フィードバック補償　feedback compensation　174

フィードバック要素　feedback path element　15

負帰還　negative feedback　9

負のフィードバック　negative feedback　9

部分分数展開　partial fraction expansion　51

プラント　plant　13

フーリエ逆変換　inverse Fourier transform　41

フーリエ変換　Fourier transform　41

プロセス制御系　process control system　10

ブロック線図　block diagram　4

ブロック線図の簡単化　block diagram reduction　15

閉ループ系　closed loop control system　8

閉ループ遮断周波数　closed loop cutoff frequency　153

閉ループ周波数応答の最大値　maximum magnitude of closed loop frequency response　151

閉ループ周波数伝達関数　closed loop frequency transfer function　136

閉ループ周波数特性　closed loop frequency characteristic　133

閉ループ制御　closed loop control　8

閉ループ伝達関数　closed loop transfer function　66

ベクトル軌跡　vector locus　70

偏差　error　9

補償要素　　compensation element　159
ポテンショメータ　　potentiometer　5
ボード線図　　Bode diagram, Bode plot
　71
ボードの定理　　Bode's theorem　104

ま　行

前向き要素　　forward path element　15
むだ時間　　dead time　49
むだ時間要素　　delay element　102
目標値　　command　13

や　行

有界入力 – 有界出力安定　　bounded
　input-bounded output stability　108

要素　　element, component　4

ら　行

ラウス配列　　Routh array　114
ラウス・フルビッツの安定判別法
　Routh-Hurwitz stability criterion
　113
ラプラス逆変換　　inverse Laplace
　transform　44
ラプラス変換　　Laplace transform　44
利得特性　　gain characteristic　57
流体系　　fluid system　33
零点　　zero　76
ロボット　　robot　2

著者略歴

樋口　龍雄（ひぐち・たつを）（工学博士）
1962 年　東北大学工学部電子工学科卒業
1967 年　同　大学院工学研究科電子工学専攻博士課程修了
1967 年　東北大学工学部電子工学科助手
1970 年　同　助教授
1980 年　同　教授
1993 年〜2003 年　同　大学院情報科学研究科教授に配置替え
　　　　　（システム情報科学専攻）
1994 年〜1998 年　同　大学院情報科学研究科長
1995 年〜2001 年　同　情報処理教育センター長
2003 年　同　名誉教授
2003 年〜2010 年　東北工業大学工学部電子工学科教授
2010 年　同　名誉教授
2016 年〜同　理事長
　　　　　現在に至る

編集担当　千先治樹（森北出版）
編集責任　藤原祐介（森北出版）
組　　版　藤原印刷
印　　刷　同
製　　本　同

自動制御理論（新装版）　　　　　　　　　　　Ⓒ 樋口龍雄　2019

1989 年 11 月 18 日　第 1 版第 1 刷発行　　　【本書の無断転載を禁ず】
2019 年 2 月 20 日　第 1 版第 38 刷発行
2019 年 10 月 4 日　新装版第 1 刷発行
2025 年 2 月 10 日　新装版第 6 刷発行

著　　者　樋口龍雄
発 行 者　森北博巳
発 行 所　森北出版株式会社
　　　　　東京都千代田区富士見 1-4-11 （〒102-0071）
　　　　　電話 03-3265-8341 ／ FAX 03-3264-8709
　　　　　https://www.morikita.co.jp/
　　　　　日本書籍出版協会・自然科学書協会　会員
　　　　　JCOPY ＜（一社）出版者著作権管理機構 委託出版物＞

落丁・乱丁本はお取替えいたします.

Printed in Japan ／ ISBN978-4-627-72642-0